裝潢工程
發包精算書【暢銷改版】

估工算料一本通，精準掌握成本預算

i室設圈｜漂亮家居編輯部 著

目錄

CONTENTS

CHAPTER 1

釐清發包觀念題，讓裝修沒陰影

CONTENTS

目錄

CHAPTER 2

看清裝修明細，搞懂工程順序，讓錢花在刀口上

CHAPTER 1

釐清發包觀念題，讓裝修沒陰影

好不容易夢想買了新屋，但準備裝潢時，在預算配比卻遇到種種一知半解的事情怎麼辦？聽說「發包」好像比較省預算，但發包究竟是怎麼一回事？什麼是發包、找誰來發包、工程估價單怎麼看、合約重點要如何簽才有保障；唯有了解自己的居家裝潢需求、搞清楚如何估工算料、徹底了解發包觀念，才不會因為不懂，而白白花了冤枉錢，將費用花在刀口上，入住自己也心滿意足的新家。

買了房子之後，裝潢
預算有點緊 ...。
唉
乾脆我們直接發包工程
裝潢，這樣應該可以比
較省。

先從自己的生活形態提問，需求檢視表與叮嚀？

在開始重新裝修和準備發包工程之前，第一步是不是要先回頭思考、自我檢視，釐清不同空間的需求狀況？那要如何有效開始？

客 廳	社交娛樂習慣決定客廳模式
自我檢視	**裝修叮嚀**
常在客廳從事娛樂的休閒活動嗎？	若常在客廳從事如看電視、電影、聽音樂或上網等，就要有良好的收納設計，才不會因過多視聽設備而顯得線路收納凌亂；另外如果習慣在客廳運動，則要注意預留較大的身體活動空間。
喜歡呼朋引伴在家同樂嗎？	若經常呼朋引伴在家同樂，要留意沙發形式的挑選，不同的形式如「分享型沙發」或「獨享型沙發」所佔位置大小，在規劃空間坪配時，需思考清楚。
經常需要在客廳上網或工作嗎？	會影響網路線路、插座規劃的配置，且要注意搭配舒適的客廳桌椅以方便電腦使用。建議能在客廳另闢一工作區，若坪數過小不足以容納工作區，也可採用具備多重機能、可收納調整的傢具。
喜歡坐臥在沙發上閱讀或使用電腦嗎？	閱讀習慣以及不同閱讀載具，如手提電腦、書籍、ipad 等，會影響客廳的照明設計，需注意除了均勻舒適的光源之外，搭配一盞可彈性調整角度的立燈或檯燈，作為輔助照明。
是否對音響規格或品質有特別的堅持？	若喜愛在客廳聽音樂、並擁有大型家庭劇院設備，要注意先預留大型音響或喇叭器材的位置。另外為了避免音場效果，客廳的壁面與櫃體立面建材選擇，要特別留心挑選。

衛 浴	梳洗習慣決定衛浴安排
自我檢視	**裝修叮嚀**
平常習慣淋浴還是泡澡？	淋浴方式影響了衛浴的設計安排，要設置浴缸或是使用淋浴、乾濕分離等等。若完全沒有泡澡的需求，則不一定要配備浴缸，可考慮將地坪比率留作其他空間用途。
家庭成員習慣的淋浴梳洗時間長短？	若家庭人口數多，或者習慣花較長的時間在淋浴梳洗上，可以考慮規劃雙衛浴或雙洗手檯設計。但如果坪數較小無法設置兩個衛浴空間，則可透過將洗手檯移出，改變衛浴動線、提高使用彈性。
有哪些衛浴用品將存放於衛浴空間中？	衛浴空間內的備品，如毛巾、盥洗用品、清潔用品等，要事先考量慣用備品的多寡，再來規劃空間中的櫃體設計。

廚 房	烹調習慣決定廚房設備
自我檢視	**裝修叮嚀**
習慣的烹煮方式？	檢視自己習慣的烹煮類型，是偏向中式、西式、素食或是僅作輕食或咖啡茶點？不同的烹煮方式，適合不同的廚房隔間形式，而所需的備餐檯大小也會各異。
是否有烹飪嗜好？	若有烹飪嗜好或者經常在家製作甜點美食的人，要考慮預留較大的廚房活動空間，並且安排充裕的備餐檯或是規劃中島吧檯，並將烹煮設備器材、杯盤碗等食器，或烘焙用的大型烤箱等收納問題妥善規劃。
是否有其他電器進駐？	包括冰箱尺寸、以及其他電器，如咖啡機、果菜汁、吐司烤箱、微波爐、洗烘碗機、嬰兒專用電器、熱水壺、濾水器等，若是空間有限，就要事先考量不同電器的款式與尺寸，妥善配置與設計收納櫃體，避免畸零空間的浪費。

廚 房	烹調習慣決定廚房設備
自我檢視	**裝修叮嚀**
你與家庭成員的膳食習慣？下廚頻率一周幾次？	要檢視自己和家人的膳食習慣，是「分別外食」或是「親自烹煮」？若使用廚房機率不高，可以適度精簡廚房所占空間的比例；反之，則可規劃較齊全的廚具配備與寬敞的廚房使用空間。
是否會和多人同時一起做菜？	下廚人數會影響廚房的動線規劃，若有多人共同作菜、或經常性邀請朋友一起下廚，就可考慮放大廚房空間比例。若坪數不足以規劃出較大的廚房，建議可採開放式格局，透過拉門或全敞開的形式，消除多人下廚可能帶來的擁擠感。

餐 廳	膳食習慣決定餐廳空間
自我檢視	裝修叮嚀
常態的用餐人口為何？	是否常常邀請親友來家用餐呢？若共食人口較多，或者經常性邀請親友來家吃飯，可考慮較寬敞的餐廳格局設計，或者採機能性，可收縮放大的餐桌，方便彈性調整桌椅配置。
與家庭成員習慣的用餐地點？	習慣的用餐地點，是集中於餐廳還是分散在客廳？若用餐位置不固定在餐廳區域，就可考慮適度調整縮小餐廳所佔的居家空間比率，或採更簡便的吧檯形式取代餐廳。
平日膳食相關的採購習慣是？	傳統市場、便利商店、小型超市、大型超市還是量販店？以上管道中，家中的膳食採購來源比例為何？不同的採購習慣，影響需要預留較大或較小的儲物收納空間。
是否有偏好的餐桌形式？餐檯上是否有其他電器進駐？	圓桌、方桌、中島或吧檯，不同的桌檯形式會影響餐廳空間配置；另外，若要在餐桌內嵌電磁爐等設備，則需要預留更大尺寸的餐桌空間。
是否有餐具或酒類收藏的需求？	擁有多少的餐具收藏？數量與尺寸為何？是否有在家中小酌的習慣？若有此類的收藏，而在空間規劃上，可考慮將櫃體設計融入在隔間牆中，可以提高坪效也能滿足收納或展示需求。

書房＆工作區　工作與閱讀習慣決定書房形式

自我檢視	裝修叮嚀
是否長時間在家工作？	平日將工作帶回家的機率為何？此外，家庭成員的工作與閱讀模式是否一樣？若工作與閱讀使用需求越高，更要注意規劃一個舒適的書房空間與合適的工作檯面。
在家工作需要哪些輔助設備？	若工作區需要 3C 輔助設備，如手提電腦、桌上型電腦，電話、列印機、傳真機或抽取式硬碟，需事先考量電子設備的線路、插座安排，或者將插座線路融入到櫃體設計中，讓工作區機能增加。
工作或閱讀，喜歡定點還是不定點？	習慣坐工作桌前？或是不習慣定點的方式？若習慣定點的工作閱讀，可選擇採光或照明較佳的區域，明確界定工作區域；若習慣不定點方式，則不必特別界定空間，反而需要更具移動彈性的機能性工作檯與書櫃。
是否擁有大量藏書？	若是有大量藏書，可透過雙滑層櫃設計，提高收納量，或是結合書櫃與梯作機能二合一。另外，需要注意「最大開本」與「最小開本」，讓櫃體尺寸更符合使用需求。
工昨時間時對於周遭音量干擾的敏感度？	若是要在靜音環境工作閱讀，又希望空間感覺開闊，可以藉由透明玻璃材質的折門或拉門，彈性決定空間開放程度，並仍保有隔音功能的效果。

臥 房	生活作息決定臥房的面貌
自我檢視	**裝修叮嚀**
睡前是否習慣在床頭邊閱讀或喜歡躺在床頭上看電視電影？	若臥房除了睡眠功能外，並有其他活動需求，則在營造無壓的空間氛圍同時，更需注意床頭櫃與床邊燈配置，方便睡前閱讀或放置遙控器等使用機能。
如果你是女性，習慣的化妝方式為？	化妝方式為端坐還是站立進行？保養品的數量？習慣獨立檯面或是可接受與書桌二合一？不同的化妝習慣，會影響檯面與收納設計。
是否常邀請親友留宿？	親友來訪的留宿頻率，影響是否需要專門預留一間空房設計，若留宿頻率不常發生，可考慮只藉由書房或其他空間，採複合式機能作為客房使用即可。
家庭成員每個人的衣物量？	評估家庭成員每個人的衣物量（含春夏秋冬），在規劃臥房的收納櫃需要預留多少空間，或是有無要專門增設更衣間？若坪數小而衣櫃不夠使用，可以考量床下收納空間，或是將地板架高的方式，拓展地下空間為儲物之用。
家中有無長輩，如果有，有無特殊需求？	長輩年紀較大，行動不若年輕人敏捷，房間內要避免高低地坪落差的情況、房內傢具側邊、轉角應導圓修飾。而用色上建議採中性色，避免太冷或過於豔麗的顏色，易使老人家產生孤獨寂寞之感。
未來有無計劃生育？裝修時想預先是否規劃兒童房？	不同成長階段的小孩，在空間設計上會隨有不同的需求，一開始幼兒時期能打通一房，等到長至青春期，就可隔間分隔，或是將閒置不用的空間改造成小孩房。考量空間中建材的選擇是否安全？建議採木地板或軟木塞地板等質地較軟、溫暖的材質進行兒童房的地坪規劃。而如果有過敏的問題，地毯與塑膠地墊就不適合。

其 他	居住人口與生活經驗決定空間的額外需求設計
自我檢視	**裝修叮嚀**
有大型傢具要進駐嗎？	諸如鋼琴、腳踏車、衝浪板、高爾夫球具或其他器材等，要注意不同款式與尺寸會影響收納設計。若空間坪數不足，可以考慮將大型器材用「展示」方式，融入空間設計之中。
家庭成員數與年齡、性別分布為何？	不同的年齡人口、性別比例，影響「居家安全設計」與「收納空間規劃」。若是有兒童與老年人口，要注意空間的動線安排以及玻璃材質的安全選用；另外，不同年齡、性別的鞋子、衣物收納需求也不同，都要列入考量範圍中。
是否經常出國旅遊或洽公出差？	若有經常出國旅遊或出差的需求，則要考慮大型行李箱的收納儲放問題，如果是小坪數，可利用梯下或床下設計儲物空間；而大量的旅行紀念品，則可以藉由櫃體展示收納，並作為空間的風格裝飾。
是否有飼養寵物？	若家中有飼養寵物，要先考量動物的體型為大型、中型或小型？以及寵物的生活型態同樣會影響空間規劃，以及傢具材質的選擇性。
衣服洗滌與曬衣習慣？是否喜歡園藝？	平常衣物的洗滌方式為手洗還是洗衣機清洗？是日光曬衣還是烘衣機烘乾？不同方式會影響陽台是否要規劃洗衣檯、以及要否預留曬衣空間等。另外若有園藝興趣，也同樣需要注意陽台預留植物擺放的空間。
家宅有無神明廳的安置？	神明廳安置會對居住者產生不少影響，若位置不對，就難以藏風聚氣。所以應安在最清淨、安靜的位置，不可設在動線上；神桌背後要靠牆面，盡量避免正對大門口，建議最好以視野開闊為佳，搭配良好的採光，代表「明堂寬闊」，也為家中帶來好運。
是否有空間能規劃和室？	和室空間因地板會架高，下方空間如果妥善利用，是個收納好去處，配合人體工學，高度 40 ～ 50 公分、深度 50 ～ 60 公分最好收。其地板的收納設計可分「抽屜」和「上掀式」兩種，前者考慮抽櫃五金的長度限制，和使用上的便利性，大多規劃在 50 ～ 60 公分之間，寬度則依需求而定、後者雖看似不受五金軌道限制大小，但要考慮五金和地板結構的安全和耐重性。

什麼是發包？設計師、裝潢工程公司和工班師傅的發包估價流程各有差異嗎？

當各自請了設計公司、裝潢工程公司和工班師傅來估價，看起來價錢沒什麼太大的問題，這表示找誰來裝潢都沒差嗎？

主要差異在價格、美感及後續保固問題。假如有機會接觸這些施工單位不同窗口，並要求對方拿出估價單，就會發現中間的差異性很大。有規模的設計公司與裝潢工程公司所開出來的估價單，基本上多半按工程順序來估價，會按照工程進度的施工順序，逐條列出施工內容所需的費用，並在最後會陳列一筆設計費以及監工費用的產出。

但若是工班師傅的估價方式，可能寫得比較簡略，像是浴缸一個多少元、馬桶一個多少元、工資多少元等……，但當遇到有些單字上只寫「衛浴整修一式」，然後就寫上總金額，什麼明細都沒有，這時就要注意，一定要問清楚或寫清楚，否則未來的責任釐清很麻煩。不過，由於屋主要負責監工及說明施作的尺寸及高度，因此可以省去設計及監工的費用。

設計師的工程估價及設計費多半已含入了空間的美感規劃，所以最後成品通常會較漂亮、美觀，而且有後續保固一年的保證；至於找工班師傅的話，除非他本身也有設計的概念，不然大多會照屋主講的做，並不講究太多美感，而施工上除非有先說好提供多久保固，不然大多是做完了事，後續的保固服務也是問清楚的重點。

一般裝潢公司及工班師傅所提供的估價單

因為是重材料的購買，相對上在工程部分的估價就會比較簡單，此時屋主就要與裝潢單位再進一步溝通細節，而且最好白紙黑字再做一份備忘錄附在合約後面。

***** 家飾設計
台北市民生東路 2 段 141 號 8 樓　　TEL：02-2500-7578

業主：____公館
工程名稱：　　　　　　　　　　日期：　年　月　日

品名	數量	規格	單價	金額	備註欄
總項目：					
木作工程	1	式	0		
全室油漆工程（全室）	1	式	90,000		
窗簾（羅馬簾）	1	式	35,000		
玻璃	1	式	25,000		
五金（含進口水平把手）	1	式	8,000		
水電工程（室內配電）預設管路、插座、開關盒					
烤具（如圖）	1	式	35,000		
鋁窗（凸窗）	1	式	55,000		
廚具（美耐板檯面水晶門片）（含臭氧烘碗機）					
淋浴拉門	1	式	13,000		
衛浴暨設備（浴缸、馬桶、洗臉台）五金設備					
磁磚	1	式	0		
泥作（磁磚牆）			0		
伸降機組	1	式	[illegible]		
日立 AC(1 對 1)(1 對 2) 含安裝施工					
敲除（清運）					
石材	1	式	0		
活動傢具	1	式	0		
交屋清潔					
設計及監造費 1%	1	式	0		軟裝及植栽
總計新台幣元整					
1. 本估價單有效期間 ________ 天 2. 請先付訂金 ____________ 成					
傢具品名：					
玄關休閒椅	2	式	[illegible]		
客廳 L 型沙發	1	式	65,000		
客廳 TV 櫃（加長）	1	式	22,000		
客廳大茶几（石材面）（含椎盤）	1	式	22,000		
餐廳餐桌 8 人座	1	式	18,000		
桌椅	6	式	2,800		
吧檯椅	3	式	3,200		
主臥雙人床	1	式	12,000		
主臥雙人床墊	1	式	11,000		
主臥化妝台（含椅）	1	式	12,000		

(1) 水電工程所包含之項目的條列。

(2) 廚具估價請問清楚所包含的項目。

(3) 衛浴設備請問清楚所包含之項目。

(4) 泥作所包含之項目與計價方式。

(5) 空調部分常會是估價單內被忽略的部分，事後的追加要花上不少錢。

(6) 敲除與清運通常為兩個工程。

(7) 交屋清潔是必要花費的項目。

(8) 活動傢具部分的估價，一定要核對內容與數量。

設計師提供詳盡估價單

設計師提供詳盡估價單這是一般較常見到的估價單，與估價方式，消費者在瀏覽時，對於專業項目有不了解之處，可請教設計師，對於所包含的項目內容、數量以及單價核對清楚後，較不會發生後續問題。

（1）確認公司地址與聯絡電話，對於消費者較有保障。

***** 設計開發有限公司
台北市民生東路 2 段 141 號 8 樓　　TEL：02-2500-7578

業主：＿＿公館
工程名稱：

（2）確認客戶名稱以防設計師拿錯了估價單。

日期：　年　月　日

	品名	數量	單位	單價	金額	備註欄
一	拆除工程					
1	木作櫃子拆除	1	式			
2	木地板拆除					
3	前浴砌磚拆除					
4	後浴室衛浴拆除	1	式			
5	後浴室磁磚拆除	1	式			
6	廚具拆除	1	式			
7	木作牆拆除	1	式			
8	房間門框門片拆除	1	式			
9	後浴室天花板拆除	1	式			
10	廢棄物拆除清運車					
11	鋁窗拆除	1	式			
二	泥作工程					
1	浴室水泥打底	1	式			
2	浴室防水工程					
3	浴室貼磁磚工程	1	式			
4	浴室拆除部分水泥修補	1				
5	配管線部分水泥修補	1	式			
6	陽台水泥打底	1	式			
7	陽台防水工程	1	式			
8	陽台貼磁磚工程	1	式			
9	鋁窗拆除部分水泥修補	1	式			
				TOTAL		

總額：新台幣　佰　拾　萬　千　百　拾　元　整

（3）「式」為裝修計價單位，意指「款式」。

（6）內容為老屋翻新所需要進行的工程項目。

（4）「廢棄物拆除清運車」費用常常容易被遺忘，請認明計價方式。

（5）衛浴、陽台與廚房的防水工程為必要的基礎工程，請勿刪除此部份預算。

（9）數量請確認。

（10）不同工程進行會有不一樣的單位計算，要清楚知道計價單位及方式。

***** 設計開發有限公司
台北市民生東路 2 段 141 號 8 樓　TEL：02-2500-7578

業主：____公館
工程名稱：　　　　　　　　日期：　年　月　日

	品名	數量	單位	單價	金額	備註欄
三	水電工程					
1	總開關箱內全換新	1	式			
2	冷熱水管換新	1	式			
3	天花板電源線換新					
4	壁面開關插座配管配線					
7	書房網際網路配管配線					
8	配排水管工程					
9	衛浴設備安裝工資					
10	燈具安裝工資					
11	陽台配水管					
2	BB 嵌燈					
3	吸頂燈					
五	木作工程					
1	浴室天花板					
2	書櫃旁封壁板					
3	CD 櫃					
4	書櫃					
5	主臥衣櫃					
6	房間門框及門片					
7	全室天花板					
8	全室木地板					
9	陽台處玻璃隔間及玻璃拉門					
10	全室窗簾盒					
11	全室踢腳板					
12	廚房壁面水泥板					
13	廁所拉門					

總額：新台幣　佰　拾　萬　千

***** 設計開發有限公司
台北市民生東路 2 段 141 號 8 樓　TEL：02-2500-7578

業主：____公館
日期：　年　月　日

	品名	數量	單位	單價
六	油漆工程			
1	全室天花板 ICI 水泥漆	1	式	
2	全室壁面 ICI 水泥漆	1	式	
3	全室房間門框及門片噴透明漆			
4	新作櫃子及衣櫃噴透明漆			
七	衛浴設備			
1	浴室淋浴拉門	1	組	
2	淋浴蓮蓬頭	1	組	
3	馬桶	1	組	
4	半嵌式臉盆	1	組	
5	水龍頭	1	組	
6	臉盆防水櫃	1	組	
		1	組	
		1	組	
9	毛巾掛桿及其他衛浴配件	1	組	
10	浴室除霧鏡	1	組	
11	抽風機	1	組	
八	鋁窗工程	1	式	
九	清潔工程	1	式	
1	全室清潔			
十	窗簾工程	1	式	
十一	人工鐵門工程	1	式	
十二	工程管理費			

(7) 詳述生活需求，設計師就能將設計規劃其中，不但美觀且更為方便。

(8) 需要另外計價的工資部分有：木作工程、泥作工程、空調裝設、衛浴與廚具安裝、燈具安裝與系統櫃安裝等。

(11) 封壁板多用於老屋工程，可省去重新批土、粉光所需花費的時間與金錢。

(12) 窗簾盒為窗簾上方突起遮住軌道的部分。

(13) 踢腳板規劃考量工程收邊與清掃問題。

(14) 油漆工程裡的透明漆常是被遺忘的部分，有助於物件使用年限與清潔問題。

(15) 清潔費為工程完成後之必要支出費用。

(16) 工程管理費約總工程款的 5%～ 10%。

找設計師畫設計圖，工程部分則自行發包，會比較省嗎？

王先生因為自身預算關係，先找了設計師已經畫好設計圖，並想拿著設計圖直接找工班發包，但是完全不懂裝修的王先生很擔心，這樣真的好嗎？

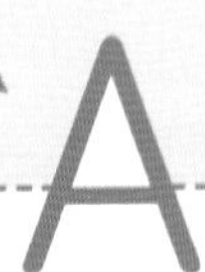

見人見智，也要視情況而定。找設計師畫設計圖，再自行找工班施工，的確可以省下監工管理費，但是要考慮自己是否具有專業能力，以及有無足夠的時間監工。因為每一項工程都有其專業，且每個工班都是單一窗口，除非自己有很多時間可以處理和工班的溝通與監工等瑣事，但其實只要掌握一些重點，願意多聽多看多學，自己發包也不是不可以。而與設計師對口通常會分以下三種：「純做空間設計」、「設計連同監工」、「從設計、監工到施工」。

(1) 純做空間設計	由於只做空間設計，通常只收設計費，在決定平面圖後，就要開始簽約付費，多半分二次付清。 設計師必須給屋主所有的圖，包括平面圖、立面圖及各項工程的施工圖，如水電管路圖、天花板圖、櫃體細部圖、地坪圖、空調圖等等超過數十張以上的圖。此外設計師還有義務幫屋主跟工程公司或工班解釋圖面，若所畫的圖無法施工，也要協助修改解決。
(2) 設計連同監工	不只是空間設計還必須幫屋主監工，所以設計師除了要出上述的設計圖及解說圖面外，還必須負責監工，定時跟屋主回報工程施作情況（回報時間由雙方議定），並解決施工過程所有的問題，付費方式多分 2 ～ 3 次付清。

(3) 從設計、監工到施工

俗稱「統包」，這是設計師較喜歡也常接的案型，因為這樣裝修出來的空間最能符合最初的設計，再加上施工的班底熟，不但有默契外，遇到問題也比較好溝通。

因此設計師的工作不但要出設計圖，還要幫屋主監工，發包工程、排定工程及工時，連同材質的挑選、解決工程大小事等等，完工後還要負責驗收完成及日後的保固。

保固期通常為一年，內容則依雙方製定的合約為主。付費方式為簽約時付第一次費用，施工後再依工程進度收款，最後會有 5 ～ 15% 的尾款留至驗收完成。

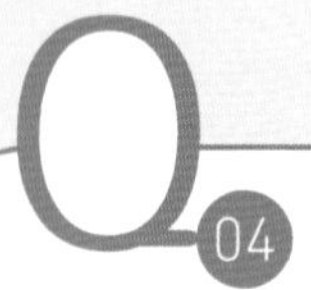

什麼情況下找工班較划算，工班包括什麼？費用如何不追加？

家裡並非全屋裝修，想直接找工班來裝修就可以了，但又怕和工班溝通不良，覺得還是找設計師比較妥當，但局部裝修找設計師划算嗎？且如果裝修工程做完後，明明是工班進度有延誤，但發現多了追加費用，這時延誤的費用是算在自己頭上嗎？

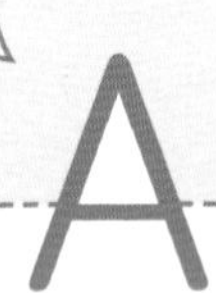

裝潢一個家並不簡單，其中林林總總的問題，往往會讓人煩憂，於是有了專業設計師的誕生。不過，有時設計師並不是什麼案子都接，或什麼金額都可以接案，因此出現「找工班施工會比較便宜」的選擇，可以省下設計費與監工費，但要確認自己有時間與能力監工，以下整理了五種常見情況，若你都俱備了，則找工班的確可以幫你省下很多預算。

通常如果是單一工程發包，工、料分開是最經濟的裝修方式，因為材料費是實報實銷，建材可自行採購，若工班有長期合作的廠商，且因為大量採購，說不定費用會比自己親自採買更便宜。找工班施工，事前要將計費細節討論好，並且在合約上註明費用的計算方式然後再做簽約動作，這樣就可以避免追加費用及無謂的糾紛。

另外盡量不要讓工人加班，這樣費用就不會增加。因為如果工班是以工作天數來計費，假日（一般大樓假日不能施工）或超過工作時間的工資一定會比較高。以油漆工程為例，有時並非是以工作天來計算，而是以坪數計費，事前最好先確認以「工

作天計費較便宜」還是以「坪數計價較划算」。以坪數計價，要注意的是，櫃子等立體面的油漆，並非以是一個平面計算，而是四面或六面（視頂部與底部是否都需上漆而定）。

(1) 自己會畫設計圖面	平面規劃能力不是指你會畫圖而已，還包含你有沒有空間配置的概念，例如客廳面寬最少要 4 米以上、抽屜面寬跟深度不能有一點差錯，否則工人跟著做就會做不出來。
(2) 簡單的施工內容	一般性的工程像粉刷、鋪地磚、製作木作書櫃等單純的施工內容，多數的工班都能做得到。但特殊的施工如圓弧型的書櫃或異材質的結合，多數工班都會因為怕麻煩跟你說做不到。所以若自己裝修時，施工內容也最好不要太過複雜。
(3) 預算不高的局部裝修	除了廚房跟衛浴需要透過專業廠商幫忙外，若只是小小的局部裝修，像是改個門，或者是把次臥房改成兒童房之類的小工程，其實只要找工班就可以直接完成了。
(4) 對裝修工程流程認識	裝修的工程進行都有其順序，哪一種工程要先行？哪一種工程可以後做？要撤底搞懂，順序不小心弄錯了，反而會造成工程失誤而多花冤枉錢。 一般裝修的基本流程為：拆除原來隔間並清理→標示隔間位置→泥作工程與水電配管→木作工程及水電配管→空調工程→裝置五金玻璃→塗裝工程→鋪設地板工程→窗簾及傢具進駐→完工。
(5) 要有時間監工	裝修事情非常繁瑣，小到連一根把手都要自己去張羅，更不要說監工、驗收、挑建材等花時間的大事情。尤其是監工最後要天天看，並且能當面跟工人溝通，所以若你沒有較彈性的時間來做這些事情的話，建議可能找設計師比較適合。

工跟料分開計價，真有比較好嗎？還是連工帶料比較省？

常聽人家說工跟料分開算才能避免偷工減料，但林太太請她的設計師工跟料分開計價，結果算出來反而比較貴？另外吳先生自己找工班裝修，可是怕建材被工班漫天亂喊價，於是決定自己找適合的建材，看他花很多時間找材料和比價……，看了就很頭痛，倒底怎麼做比較省？

設計師的基本配件與屋主指定款的差異，這種狀況是很有可能發生的。以衣櫃的施工為例，木工要先做，然後接下來才是油漆進場，最後是貼玻璃、裝五金，可能原本合在一起估價，約定收費大約是 NT.5000 元／尺，裡頭包含了設計師設定好的標準配件；但如果採分開細節計價的方式，屋主如果又有自己指定的配件五金，工資、零件、材料全部加總起來，收費很可能會上升到 NT.7000 元／尺，不見得討好。所以屋主可以自行評估預算是否超出，找出最有利自己的估價法。

另外找工班通常有兩種計費方式，「連工帶料」對一般人來說會比較省事，尤其是對於沒有太多時間比較建材價格與品質的人來說，這樣比較方便；「工、料分開」的方式，就是由屋主自己去找建材，然後請工人來施工，建材的費用可實報實銷，工人的費用就以一天工資多少錢來計算。如果自己找的建材價格比工班建議的便宜很多，工、料分開的方式就會比較便宜。舉例來說，拋光石英磚的發包製作，連工帶料的價格是 NT.5000 元／坪，若是自己買材料、找工人來貼，可能一坪可以省下大約 NT.500 元，但繁瑣的點工點料過程不但賠了自己的時間，沒有專業人員全程監工，完工品質不一定會比較好，這樣反而不划算。另外，某些特殊建材例如大理石，或者廚房的人造石，這些特殊建材要經驗老到的師傅才能完成，建議最好透過該建材商找有經驗的工班，以連工帶料方式進行，比較划算，且不易出錯。

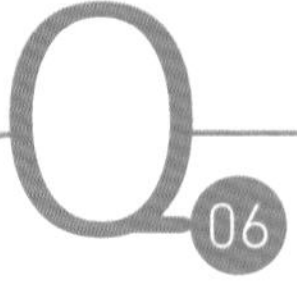

全屋裝修找單一工班統包，還是找不同工班較省？

想裝潢新家，想直接找工班來裝修就好，但聽說工程各別發包比較省，不過我真的沒時監工也沒空找人，應該怎麼發包對我來說會比較方便？如果用空間分包工程裝修會比較划算嗎？

全屋裝修通常會發生在住了一陣子的中古屋屋主。由於中古屋的整修往往要支付一筆不小的費用，以便把硬體設備先處理好，像是水電、管路等等，才能再進行軟體的傢具及收納工程。

建議這狀況還是找單一工頭做窗口比較好。工班通常會有習慣合作的夥伴，所以只要找到其中的一個工頭，通常工頭還會負責監工，並幫你找齊其他工班，這樣可以省下監工的費用。除非自己對工班非常熟悉，也了解各個工班的品質與收費方式，並且有時間與專業可以自行監工，否則不建議各別尋找單一工班來施工。工班之間的合作往往必須有默契，「各工種的銜接」也有一定時間表，如果是不熟悉的工班，所有的聯繫都得靠自己，很可能會因此延誤工程的進度。

另外一般而言，裝潢費用大致分為料、工、費，這三大區塊。所謂的「料」，指的是材料，像是大理石、木地板等等；「工」指的是工資，像是請一個工人的費用；最後才是「費」，像是運送廢材的費用、設計師的費用……等等。以材料來說，叫得愈多費用可以壓低，反之，叫得少只能用公訂價計算。至於工，一個工人的工時費以天來計算，因此即便他拆一個櫥櫃或訂作一個櫃子，都算一天的錢，當然，做得愈多愈划算。費用支出的部分，車子運費跑一趟就要 5000 元起跳／車，若分開跑，費用就會提高。所以若是預算還可以應付，建議最好是全部空間一起做，會比較划算，而且用料也會比較統一，且保有議價空間的彈性。

估價單要怎麼看，是越細越好嗎？確定之後，要先付款還是完工後才付款？

拿到估價單後，發現要來回看好幾次，單純只想看衛浴裝修的全部費用，卻看不到，怎麼會這樣？且才剛確定好估價單裡的內容，設計師／工班就說要先付部分款項，可是約都還沒簽就要付款，這樣保險嗎？

是的，明細愈細愈好。想要預算不被追加，屋主拿到的設計圖愈細、估價單細一點是最好的方法。以水電配置的插座為例，在圖面上就可以清楚地看到室內哪幾處有插座，插座高度 100 公分是給冰箱用的，高度 30 公分在下方是作為濾水器使用的，在踢腳板上 10 公分處的插座是預留給電視的，知道哪邊會有插座，是否要增減調整都可立即討論，減少日後的追加機率。

而遇到同一項工程內容的費用要分開來看，這問題比較容易發生在設計師依工程順序估價的時候，因為設計師確認客戶的需求後，與下游各個合作單位說明時，對方也是依工程來估價，而非單一空間。舉家用櫃子為例，做法可能分為「有門片」、「沒有門片」或「內裝不同的櫃子」，估價的差異就在於是否要把材質與五金零件分開計算（尤其要注意廚具櫃在五金零件上使用差異性）。比如說，零件被分列至五金項目的估價，層板與門片被列為玻璃項目，歸列在木作名目下的只有櫃身而已，所以遇上這一類的估價就要特別注意，到底「櫃子」是一個該具備基本零件的櫃子，還是僅以木作櫃本身，零件再分開計價。不論自行發包或委由專業設計師處理，付款方式大都會依工程進度做分階段給付，但提醒自行發包工班更要與工頭詳細約定付款方式，同工程進度的驗收一併進行。

拿到估價單，合約重點怎麼看？

請設計師來裝潢，設計師說保證會負全責，所以可以不用簽施工約，這樣保險嗎？施工約和設計約有什麼不一樣嗎？而李先生自己發包找工班裝潢，對方到家裡看了一下，之後就給了他一張簡單的議價內容清單，這樣的議價單有任何法律效力嗎？

一定要簽合約才能保障權益。首先，屋主一定要先做功課，明白了解與設計師合作的流程為何。就簽約流程而言，通常在設計師初步解說平面規劃圖說後，確認整體規劃無誤，會附上完整的估價單明細，等到屋主同意通過後，才會開始進入簽約程序，簽約後才會再針對細節部分提供更多的圖說及工程解說，若要將工程委託設計師要再簽工程約，一般施工合約多含監工，因此簽了設計約，還要簽訂施工約，如果沒有簽施工約，容易讓設計師推託拖工責任，形成漏洞。

另外，通常工班的估價單就等同於合約與報價，並不會再出其他的文件給你簽了，所以這時施作內容一定要一開始就先講清楚，最好也準備備忘錄，以方便在施工過程中做確認。同時，當你認同了這張估價單後，並請工人來施工前，一定要跟對方彼此在上面簽名，或要求對方在上面蓋公司章以示負責，以免發生工程中問題時對方會推辭不處理。

裝潢工程的計價單位都不同，怎麼看懂裝潢工程中的計價單位？

請窗簾公司來家裡估價，估價單上是用「碼」計價，可是之前設計師給我的估價單明明是用「式」來計價。誰的估價才是對的？價錢有差嗎？

要看估價情形而定。傢飾工程一般包括了窗簾、落地簾、隔間簾等 3 個部分，同服裝布料的裁剪一樣，是以「碼」為計價單位，先丈量現場尺寸後，再換算成「碼」制進行估價。若以「碼」來報價的，多半是窗簾公司，直接用尺寸報價，但是可能不含吊桿及施工方式，所以要問清楚。至於設計師，因為要考量窗簾的施作方式及吊桿方式，所以會用「一式」來替代。所以當在估價單看到你覺得計價方式異常時，記得要請設計師提供說明，或是在「備註欄」上標註這一式裡含了哪些東西。以下整理裝潢工程中常見的計價單位說明，清楚掌握估價的秘訣。

計價單位	換算說明	運用在哪裡
才	1 才 ＝ 30.3 公分 ×30.3 公分 ＝ 918.09 平方公分 ＝ 0.027225 坪	(1) 用在木作工程裡，如衣櫃、書櫃等計量單位。 (2) 櫥櫃的油漆計價（包括特殊油漆，如烤漆）。 (3) 鋁窗的計價單位。 (4) 少部分會運用在磁磚的計價上。

計價單位	換算說明	運用在哪裡
坪	1 坪 ＝ 3.30579 平方公尺 ＝ 33057.9 平方公分， 有的估價單會簡寫成英文字的「P」。	(1) 坪的計價單位，如木地板或地磚。 (2) 壁面建材的計價單位，如磁磚。 (3) 壁面油漆的計價單位。 (4) 地坪的拆除工程計價，如木地板或地磚。 (5) 天花板工程的計價單位。
片	60×60 公分＝ 3600 平方公分 ＝ 0.1089 坪 80×80 公分＝ 6400 平方公分 ＝ 0.1936 坪	(1) 大理石或特殊磁磚的計價單位。
支	一支單位 ＝（1.75 尺 ×33 尺）／ 36 ＝ 1.5 坪 如以公尺計算＝ 0.53×10×0.3025 ＝ 1.5 坪	(1) 壁紙的計價單位。
盞		(1) 燈具的計價單位。
尺	1尺 ＝ 30.303 公分 ＝ 0.30303 公尺	(1) 木作櫃體的計價單位。 (2) 玻璃工程的計價單位，如玻璃隔間、玻璃拉門。 (3) 系統傢具的計價單位。
口		(1) 部分泥作工程，如冷氣冷媒管及排水管洗孔的計價單位。 (2) 水電工程之開關及燈具配線出線口的計價單位。
組		(1) 水電工程的計價單位。
樘	類似「一組」的概念。	(1) 門窗的拆除工程計價單位。 (2) 門或窗的計價單位。
車	1 碼＝ 3 呎＝ 36 吋 =91.4402 公分	(1) 拆除工程的運送費。 (2) 清理工程的運送費。

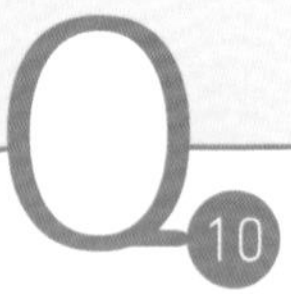

可以指定建材款式嗎，估價時的這筆費用要如何釐清？

裝潢時用了設計師建議的特殊建材，等到工程全部完工後，林先生在帳單裡發現，他用的建材竟然要那麼貴，事後找設計師理論，對方卻說是經過他的同意。早知道這麼貴，林先生根本不會聽信設計師的建議！？

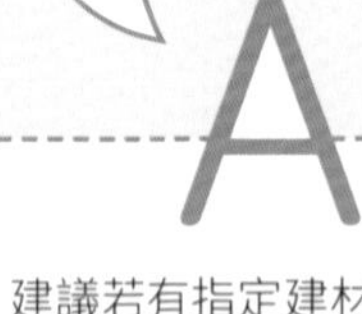

建議若有指定建材，最好工料分開計算。很多裝修糾紛案，都是對於建材用料等級不同而發生爭議的，因此在訂定合約前，也就是估價時，就要確認所有建材用料等級。尤其是設計師在初步估價時，是以一般的建材費在計算，用料普通。若是你有要求，就應該請設計師或工班，將估價單就你的指示建材重新估價，並工與料分開，如此一來才能清楚了解中間的價差及有沒有偷工減料。而且在估價單上載明使用的材料為何，建議屋主可先請設計師或工頭師傅拿樣本、出廠證明比對，等到材料運來時比對上面的標籤，確定是否為當初決定的品項。舉木地板來說，有些標籤會標示在地板背面，所以等施做好就看不到了，一定要在施工前先確認。

如何有效比價，當依施工程序有所不同時，能著重哪些通則？

當時就因為預算不足，所以選擇發包來裝潢，但擔心被當肥羊，要怎麼透過比價找到適合自己的工班，且不擔心被坑呢？

(1) 專書提供精準行情	諮詢裝潢過的親友或是鍵盤訪價外，也有專書能參考。同樣由《漂亮家居》編輯部就出版眾多裝修設計及發包的參考書，當中詳列出各項工程做出比價整理，有助理解整體工程內容，準確掌握各項裝潢費用細項。
(2) 比價標準要一致	尋找工班的方式很多，透過親友推薦還是比較有口碑。在進行比價時，可以多搜尋周遭已裝潢過的親友或網友，除了請他們推薦適合工班，同時也可詢問他們的費用，注意不要只考慮整體價格的高低，工程所在地區、施工品質、建材等級也要列入評估才準確。
(3) 多方搜尋有效率比價	除了工程的發包施作外，建材、設備、家電及傢具的選購比價也很重要，比價要掌握消費情報，在眾多推薦資訊中，迅速一次瀏覽到專門的網站（各家裝潢建材型錄）、社群網路群組，可以讓你比價更有效率省時又省力，又可能有團購議價的機會。
(4) 去頭掐尾比價不吃虧	多找幾家來報價，藉此機會詢問並觀察工班，若在各方條件如施工方法、施作範圍及建材、設備等級都大致相同或類似下，所找的工班報價有不小落差時，建議拿掉最貴及最便宜的，取中間值是最不怕吃虧，較為安全的選擇。

裝修工程進度表怎麼看？如何擬出重點時程？

做了好多功課，決定想要考慮自己來找工班發包，能怎麼掌握時間來分配作業呢？如何用工期表掌握進度？

裝潢工程有一定的作業流程，若不了解則會造成施工的困難，或拆掉、修改等不必要的浪費。一般來說，「先破壞後建設」是最大的原則，從敲牆、清除舊有不需要的東西等工程開始，再來水電配管工程，木作、泥作、鋼鋁、空調等工程再搭配進場，最後油漆、窗簾、傢具進入。好的統包及監工都要有製作並控管工期表的能力。但並非所有裝修工程都要一次完成，若預算有限，不妨依序、挑項目作局部性施工。

工程項目一般粗估花費時間

保護工程與拆除	2～5天	泥作工程	12～15天
木作、水電工程	10～20天	水電管線與空調	3～7天
五金玻璃工程	10～20天	油漆工程	2～5天
地板及其它	3～5天	清潔收尾	1～2天

A

預抓整個裝修進度所需時間，這裡以為期60天的進度為例，分第1個月與第2個月的期程規劃。

裝修工程進度表範例

日期和星期用小格子全數標出，才能將進程一目了然。

所有工程依序列出，以方便直接追蹤進度。

週末可另用色塊標示，了解自己與工班的休息節奏。

每時期工程預計所花時間以色帶列出，可清楚標明所有進度流程及所需的工作天數。

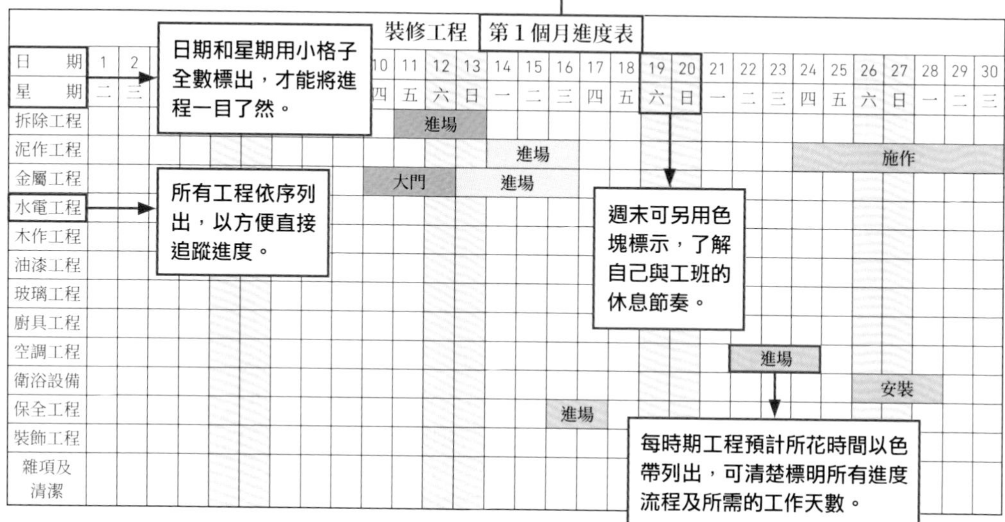

<table>
<tr><th colspan="31">裝修工程　第1個月進度表</th></tr>
<tr><td>日期</td><td>1</td><td>2</td><td></td><td></td><td></td><td></td><td></td><td></td><td></td><td>10</td><td>11</td><td>12</td><td>13</td><td>14</td><td>15</td><td>16</td><td>17</td><td>18</td><td>19</td><td>20</td><td>21</td><td>22</td><td>23</td><td>24</td><td>25</td><td>26</td><td>27</td><td>28</td><td>29</td><td>30</td></tr>
<tr><td>星期</td><td>二</td><td>三</td><td></td><td></td><td></td><td></td><td></td><td></td><td></td><td>四</td><td>五</td><td>六</td><td>日</td><td>一</td><td>二</td><td>三</td><td>四</td><td>五</td><td>六</td><td>日</td><td>一</td><td>二</td><td>三</td><td>四</td><td>五</td><td>六</td><td>日</td><td>一</td><td>二</td><td>三</td></tr>
<tr><td>拆除工程</td><td></td><td></td><td></td><td></td><td></td><td></td><td></td><td></td><td></td><td></td><td colspan="3">進場</td><td></td><td></td><td></td><td></td><td></td><td></td><td></td><td></td><td></td><td></td><td></td><td></td><td></td><td></td><td></td><td></td><td></td></tr>
<tr><td>泥作工程</td><td></td><td></td><td></td><td></td><td></td><td></td><td></td><td></td><td></td><td></td><td></td><td></td><td></td><td colspan="3">進場</td><td></td><td></td><td></td><td></td><td></td><td></td><td></td><td colspan="7">施作</td></tr>
<tr><td>金屬工程</td><td></td><td></td><td></td><td></td><td></td><td></td><td></td><td></td><td></td><td colspan="3">大門</td><td colspan="4">進場</td><td></td><td></td><td></td><td></td><td></td><td></td><td></td><td></td><td></td><td></td><td></td><td></td><td></td><td></td></tr>
<tr><td>水電工程</td><td></td><td></td><td></td><td></td><td></td><td></td><td></td><td></td><td></td><td></td><td></td><td></td><td></td><td></td><td></td><td></td><td></td><td></td><td></td><td></td><td></td><td></td><td></td><td></td><td></td><td></td><td></td><td></td><td></td><td></td></tr>
<tr><td>木作工程</td><td></td><td></td><td></td><td></td><td></td><td></td><td></td><td></td><td></td><td></td><td></td><td></td><td></td><td></td><td></td><td></td><td></td><td></td><td></td><td></td><td></td><td></td><td></td><td></td><td></td><td></td><td></td><td></td><td></td><td></td></tr>
<tr><td>油漆工程</td><td></td><td></td><td></td><td></td><td></td><td></td><td></td><td></td><td></td><td></td><td></td><td></td><td></td><td></td><td></td><td></td><td></td><td></td><td></td><td></td><td></td><td></td><td></td><td></td><td></td><td></td><td></td><td></td><td></td><td></td></tr>
<tr><td>玻璃工程</td><td></td><td></td><td></td><td></td><td></td><td></td><td></td><td></td><td></td><td></td><td></td><td></td><td></td><td></td><td></td><td></td><td></td><td></td><td></td><td></td><td></td><td></td><td></td><td></td><td></td><td></td><td></td><td></td><td></td><td></td></tr>
<tr><td>廚具工程</td><td></td><td></td><td></td><td></td><td></td><td></td><td></td><td></td><td></td><td></td><td></td><td></td><td></td><td></td><td></td><td></td><td></td><td></td><td></td><td></td><td></td><td></td><td></td><td></td><td></td><td></td><td></td><td></td><td></td><td></td></tr>
<tr><td>空調工程</td><td></td><td></td><td></td><td></td><td></td><td></td><td></td><td></td><td></td><td></td><td></td><td></td><td></td><td></td><td></td><td></td><td></td><td></td><td></td><td></td><td></td><td colspan="3">進場</td><td></td><td></td><td></td><td></td><td></td><td></td></tr>
<tr><td>衛浴設備</td><td></td><td></td><td></td><td></td><td></td><td></td><td></td><td></td><td></td><td></td><td></td><td></td><td></td><td></td><td></td><td></td><td></td><td></td><td></td><td></td><td></td><td></td><td></td><td></td><td></td><td colspan="3">安裝</td><td></td><td></td></tr>
<tr><td>保全工程</td><td></td><td></td><td></td><td></td><td></td><td></td><td></td><td></td><td></td><td></td><td></td><td></td><td></td><td></td><td></td><td colspan="2">進場</td><td></td><td></td><td></td><td></td><td></td><td></td><td></td><td></td><td></td><td></td><td></td><td></td><td></td></tr>
<tr><td>裝飾工程</td><td></td><td></td><td></td><td></td><td></td><td></td><td></td><td></td><td></td><td></td><td></td><td></td><td></td><td></td><td></td><td></td><td></td><td></td><td></td><td></td><td></td><td></td><td></td><td></td><td></td><td></td><td></td><td></td><td></td><td></td></tr>
<tr><td>雜項及清潔</td><td></td><td></td><td></td><td></td><td></td><td></td><td></td><td></td><td></td><td></td><td></td><td></td><td></td><td></td><td></td><td></td><td></td><td></td><td></td><td></td><td></td><td></td><td></td><td></td><td></td><td></td><td></td><td></td><td></td><td></td></tr>
</table>

<table>
<tr><th colspan="31">裝修工程　第2個月進度表</th></tr>
<tr><td>日期</td><td>1</td><td>2</td><td>3</td><td>4</td><td>5</td><td>6</td><td>7</td><td>8</td><td>9</td><td>10</td><td>11</td><td>12</td><td>13</td><td>14</td><td>15</td><td>16</td><td>17</td><td>18</td><td>19</td><td>20</td><td>21</td><td>22</td><td>23</td><td>24</td><td>25</td><td>26</td><td>27</td><td>28</td><td>29</td><td>30</td></tr>
<tr><td>星期</td><td>四</td><td>五</td><td>六</td><td>日</td><td>一</td><td>二</td><td>三</td><td>四</td><td>五</td><td>六</td><td>日</td><td>一</td><td>二</td><td>三</td><td>四</td><td>五</td><td>六</td><td>日</td><td>一</td><td>二</td><td>三</td><td>四</td><td>五</td><td>六</td><td>日</td><td>一</td><td>二</td><td>三</td><td>四</td><td>五</td></tr>
<tr><td>拆除工程</td><td></td><td></td><td></td><td></td><td></td><td></td><td></td><td></td><td></td><td></td><td></td><td></td><td></td><td></td><td></td><td></td><td></td><td></td><td></td><td></td><td></td><td></td><td></td><td></td><td></td><td></td><td></td><td></td><td></td><td></td></tr>
<tr><td>泥作工程</td><td></td><td></td><td></td><td></td><td></td><td></td><td></td><td></td><td></td><td></td><td></td><td></td><td></td><td></td><td></td><td></td><td></td><td></td><td></td><td></td><td></td><td></td><td></td><td></td><td></td><td></td><td></td><td></td><td></td><td></td></tr>
<tr><td>金屬工程</td><td></td><td></td><td></td><td></td><td></td><td></td><td></td><td></td><td></td><td></td><td></td><td></td><td></td><td></td><td></td><td></td><td></td><td></td><td></td><td></td><td></td><td></td><td></td><td></td><td></td><td></td><td></td><td></td><td></td><td></td></tr>
<tr><td>水電工程</td><td></td><td></td><td></td><td></td><td></td><td></td><td></td><td></td><td></td><td></td><td></td><td></td><td></td><td></td><td></td><td></td><td></td><td></td><td></td><td></td><td></td><td></td><td></td><td></td><td></td><td></td><td></td><td></td><td colspan="2">燈具面板</td></tr>
<tr><td>木作工程</td><td colspan="17">大門</td><td colspan="3">丈量</td><td></td><td></td><td></td><td></td><td></td><td></td><td></td><td colspan="2">系統櫃</td><td></td></tr>
<tr><td>油漆工程</td><td></td><td></td><td></td><td></td><td></td><td></td><td></td><td></td><td></td><td></td><td></td><td></td><td></td><td></td><td></td><td></td><td></td><td></td><td></td><td></td><td></td><td></td><td colspan="2">進場</td><td></td><td></td><td></td><td></td><td></td><td></td></tr>
<tr><td>玻璃工程</td><td></td><td></td><td></td><td></td><td></td><td></td><td></td><td></td><td></td><td></td><td></td><td></td><td></td><td></td><td></td><td></td><td></td><td></td><td></td><td></td><td></td><td colspan="2">丈量</td><td></td><td></td><td></td><td></td><td>安裝</td><td></td><td></td></tr>
<tr><td>廚具工程</td><td></td><td></td><td></td><td></td><td></td><td></td><td></td><td></td><td></td><td></td><td></td><td></td><td></td><td></td><td></td><td></td><td></td><td></td><td></td><td></td><td></td><td>丈量</td><td></td><td></td><td></td><td></td><td></td><td></td><td>安裝</td><td></td></tr>
<tr><td>空調工程</td><td></td><td></td><td></td><td></td><td></td><td></td><td></td><td></td><td></td><td></td><td></td><td></td><td></td><td></td><td></td><td></td><td></td><td></td><td></td><td></td><td></td><td></td><td></td><td></td><td></td><td></td><td colspan="2">安裝</td><td></td><td></td></tr>
<tr><td>衛浴設備</td><td></td><td></td><td></td><td></td><td></td><td></td><td></td><td></td><td></td><td></td><td></td><td></td><td></td><td></td><td></td><td></td><td></td><td></td><td></td><td></td><td></td><td></td><td></td><td></td><td></td><td></td><td></td><td colspan="2">安裝</td><td></td></tr>
<tr><td>保全工程</td><td></td><td></td><td></td><td></td><td></td><td></td><td></td><td></td><td></td><td></td><td></td><td></td><td></td><td></td><td></td><td colspan="2">進場</td><td></td><td></td><td></td><td></td><td></td><td></td><td></td><td></td><td></td><td></td><td>安裝</td><td></td><td></td></tr>
<tr><td>裝飾工程</td><td></td><td></td><td></td><td></td><td></td><td></td><td></td><td></td><td></td><td></td><td></td><td></td><td></td><td></td><td></td><td></td><td></td><td></td><td></td><td></td><td></td><td></td><td></td><td></td><td></td><td></td><td></td><td></td><td></td><td></td></tr>
<tr><td>雜項及清潔</td><td></td><td></td><td></td><td></td><td></td><td></td><td></td><td></td><td></td><td></td><td></td><td></td><td></td><td></td><td></td><td></td><td></td><td></td><td></td><td></td><td></td><td></td><td></td><td></td><td></td><td></td><td></td><td></td><td></td><td>進場</td></tr>
</table>

預算分配的概念從哪著手？不同屋況的差異如何抓？

人家說裝修最重要的莫過於裝修預算的編列，我家是住了將近要 10 年的中古屋，如果要翻新，那工程預算上要怎麼分配比較合理呢？

依屋型的不同，裝修的重點也不一，屋主實際需求和所選用的材質會有很大的落差，掌握以下幾個觀念，預售屋善用客變省費用、5 ～ 10 年新屋避免大改格局，且重在機能需求的滿足如收納；10 ～ 15 年中古屋會有局部基礎工程的更新，會比新成屋多出廚房或衛浴更新的費用，且視情況決定是否需要重配或新增水電管路；超過 15 年以上則要以居住安全性為重，水電與及瓦斯管線最好全部更新，這一項花費會比其他屋型來的多。明確知道裝修時所需要的重點花費，在預算的調配上就能靈活運用。

常見施工內容抓裝修預算

第一類 ▶ 屋齡：0 ～ 5 年／屋況：新成屋，從未裝潢

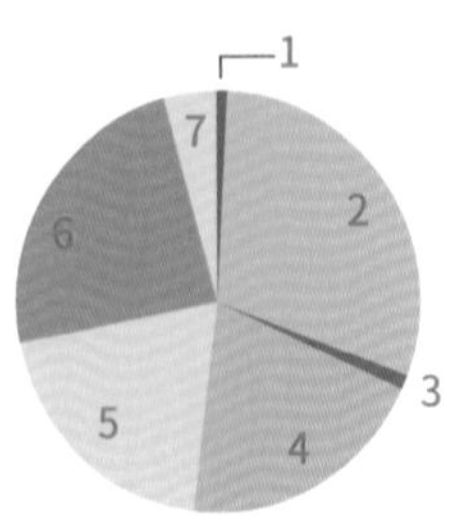

1. 保護 1%
2. 冷氣 30%
3. 電工（配燈線）1%
4. 木工（天花板）20%
5. 油漆：20%
6. 木地板 24%
7. 清潔 4%

第二類 ▶ 屋齡：5～15 年／屋況：有居住或裝潢痕跡，無壁癌漏水

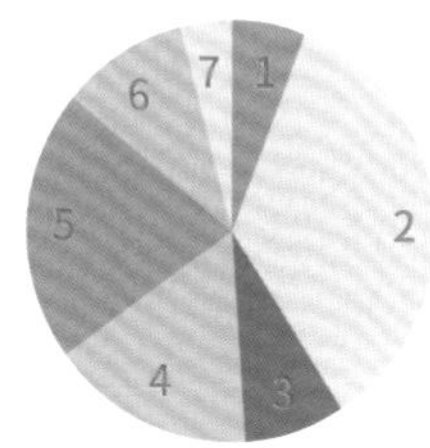

1. 拆除 6%
2. 冷氣 35%
3. 木地板 10%
4. 木工（天花板）16%
5. 油漆 21%
6. 電工（配燈線，抽換管線，多迴路插座）8%
7. 清潔 4%

第三類 ▶ 屋齡 12～20 年／屋況：裝潢設備開始顯得老舊，無壁癌漏水

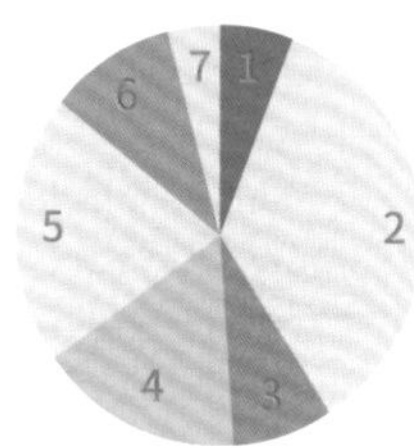

1. 拆除 6%
2. 冷氣 35%
3. 電工（配燈線，抽換管線，多迴路插座）8%
4. 木工（天花板）16%
5. 油漆 21%
6. 木地板 10%
7. 清潔 4%

第四類 ▶ 屋齡 20～35 年／屋況：原裝潢設備已有相當壞損消耗，有壁癌漏水

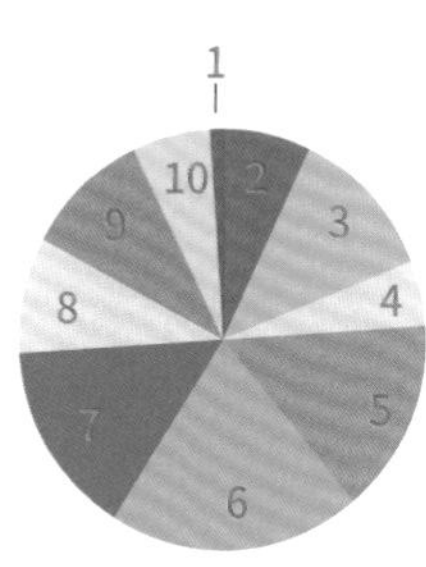

1. 木地板 6%
2. 油漆 10%
3. 木工（天花板，部分隔間） 9%
4. 鋁門窗 15%
5. 泥作（衛浴及壁癌漏水、瓷磚破損或膨拱區）20%
6. 電工（配燈線，抽換管線，全室重配）15%
7. 水工（換水管）5%
8. 冷氣 12%
9. 拆除保護 7%
10. 清潔 1%

註：以上表列為參考數值，實際情況依個別案例狀況有所調整。

CHAPTER 2

看清裝修明細，記牢工程順序，讓錢花在刀口上

當決定要裝修房子且確定想著手發包時，勤收資料多做比較絕對少不了。因為大至裝修工程的流程、小至認識建材種類及計價單位換算，都要清清楚楚，功課做多少裝修過程時得到的回饋就有多少。除此之外，如何認識工班師傅建立聯絡網、且判斷施工的好壞，前提是也要明確告訴工班師傅你要什麼，從喜愛風格、款式、顏色到材料等盡可能完善提供，就有助快速找到適合的工班師傅。

與工班師傅溝通時，預算的考量往往都是第一位，做工越複雜越精細，預算就要抓得越高。在這之前，貨比三家絕對不吃虧，不同的施工方式一定有不同的價格、空間的使用比例和動線規劃也會影響，這時就要依需求選擇。本章節提供在各工程估價單上常使用到的工種與明細，從行情價中來推敲自己的估價單上有沒有多了什麼？少了哪些？功課做得足、裝潢就成功！（本書價格僅供參考，實際價格會依市場狀況而有變動）

· STEP 1 保護&拆除工程
· STEP 2 水電工程
· STEP 3 泥作工程
· STEP 4 空調工程
· STEP 5 金屬工程（鐵鋁門窗、五金、型鋼隔間、鐵件）
· STEP 6 木作工程（天、地、壁、櫃、隔間）
· STEP 7 系統櫃工程
· STEP 8 廚具工程
· STEP 9 衛浴工程
· STEP 10 玻璃工程
· STEP 11 油漆&壁紙工程
· STEP 12 燈具&窗簾工程
· STEP 13 清潔工程

STEP 1

拆除工程&保護

進行所有裝修前一定要做的兩件重要工程，一是保護，適當的包壁包管，選擇正確的保護材料，避免誤傷到裝修之外的其它地方；另一則為拆除，最好先申請建物竣工圖，確認室內整體結構，避免損壞結構牆、承重牆，並且注意拆除之前一定要先斷水斷電。

項目	單位	數量	單價	金額	備註欄
保護工程					
公共空間保護工程	式				防潮布＋瓦楞板＋一（二）分夾板
室內保護工程	式				
拆除工程					
1F 玄關地面磁磚拆除見底	式				注意見底與去皮價格有差。
1F 衛浴地壁面磁磚拆除	M2				
1F 衛浴設備拆除	式				
1F 衛浴浴缸及紅磚拆除	式				
1F 衛浴廚房牆面高度切割拆除	式				
1F 廚房隔間拆除	M2				廚房裝設瓦斯、排油煙機等管線預先鑽孔時，除了嚴禁破壞結構層外，工具操作時亦要小心內藏管線。
1F 原電視牆面拆除	M2				
1F 天花板全部拆除					
1F 吊櫃拆除保留	M2				天花拆除時，內藏的管線有可能是屬於樓上的管線，例如中央空調、消防灑水管。
2F 主衛浴地面磁磚拆除見底	式				
2F 主衛浴壁面磁磚拆除	M2				
廢棄物裝袋搬運／建材搬運	式				
廢棄物清運	車				
小計					
合計					

Point

1. 看懂施工計價方式與工時預估

拆除主要的估價方式，通常是以拆除標的的性質、材質以及體積區分，保護工程則是以面積及使用材料計算，工資則包含在拆除項目中。一般住家個案，施工工時很少超過一天，派出的人工數才是影響整體工資的關鍵。

2. 費用陷阱停看聽，將隱藏的費用抓出來

拆除工程事實上清運垃圾是另外計算，要注意費用包不包含在內；而派出的人工因為使用到的機具不同，也可能會影響報價；若是遇到無電梯的老公寓，或許會包括將材料搬上樓的費用；保護工程也要注意使用材料種類。

3. 慎選建材與設備就省一筆，選用關鍵 & 判斷心法

作為工法最單純的工種，拆除及保護幾乎沒有什麼可替換的材料或省錢工法。以整體裝修工程來看，不拆或少拆就是最直接的省錢方式；例如所費不貲，拆了可能或破壞防水的磁磚，就可以考慮保留。

4. 評估好工班／好師傅的條件

設計師及統包通常合作的大多為專業拆除工班，品質較為穩定；有些小規模的拆除相關的工班例如泥作，也可以直接包下；若自己發包，還是應該找專業拆除公司 / 工班，並且願意約定拆了不該拆的、拆壞東西時的損害賠償責任。

Point 1 看懂施工計價方式與工時預估

項目要點 01

保護工程

在所有施工工程進行前，必先做好防護措施。常見的保護工程用材料為PU防潮布、瓦愣板（又叫白板）以及一分夾板（又叫大陸板），以膠帶黏實；常見基礎的保護是防潮布加瓦愣板，約NT.400元／坪；保護力更高則加上夾板，約NT.600元／坪；另外亦有更完善的牆面釘上角材及木板的特殊情況。選擇何種保護取決個案需求、社區或大樓則常依照管委會要求。

行情價費用

一般保護（防潮布＋瓦愣板）約 **NT.400** 元／坪
（不含防潮布扣 **NT.50** 元）
加強保護（防潮布＋瓦愣板＋夾板）約 **NT.600** 元／坪
（不含防潮布扣 **NT.50** 元）

圖片提供＿朵卡設計

圖片提供＿朵卡設計

電梯或走道等公共空間的保護工程相當重要，不可馬虎（左）、加上夾板更抗壓抗刮。一般用一分的厚度，若有要放重機具，也會用上三分的（右）。

項目要點 02

木作櫃及輕隔間拆除

木作櫃拆除在將門片及層板卸除後，以鐵鎚及鐵撬破壞拆除居多，輕隔間亦類似；由於木作櫃大多會已釘在牆面、地板或天花板，除非該牆面也要打除，為避免破壞這些部分，殘留露出的鐵釘都得用機具磨平；壁面以「坪」計算拆除費用，木作櫃則以「一式」（約2～3公尺）計算，也有以尺計算。然而在一兩天工時可與其他拆除項目同時完成的範圍內，則會直接算人工。

行情價費用	一式（約 2～3 公尺櫃）約 **NT.5000～7000** 元／坪 一尺：約 **NT.800** 元 一小工（不使用大件電動機具，拆除木作、輕隔間、門窗、磚牆）：約 **NT.3500** ／天（8 小時）

圖片提供＿朵卡設計

圖片提供＿朵卡設計

拆除木作通常不會用到電動工具，除非局部拆除有切割需求（左）、輕隔間牆面支架有木角材及金屬角材，拆除上可能會有價差（右）。

項目要點 03

磚造及 RC 隔間拆除

拆除磚造或RC隔間，最需要注意的是不可破壞結構物，亦即樑柱、承重牆和剪力牆。通常RC牆超過15公分以上，內埋5號鋼筋，就有可能是剪力牆；一般紅磚牆，厚度大約是8～10公分左右，如果是以紅磚砌的承重牆為18～24公分，混凝土結構厚度為20公分或16公分。最好直接請結構技師判斷，或是調閱建築結構圖分辨。

行情價費用	磚牆：約 **NT.2000～4500** 元（依厚度不同）／坪 RC 牆：約 **NT.4500～5500** 元（依厚度不同）／坪 開門口：約 **NT.3500** 元（90 公分 X 210 公分） 一大工（使用大件電動機具，拆除磚牆、RC、鐵件）：約 **NT.5000** ／天（8 小時）

拆除方式一般為大型榔頭搭配碎石機，因此基礎人工費用會較高一些，費用會以牆面結構及厚度以坪估算。

項目要點 04

天花板拆除

中古屋天花板常見老舊木作或氧化鎂板等較為劣質的材料，如有漏水或變形就是非拆不可的項目；拆除天花板要注意灑水頭及消防管線的位置，得由露出的灑水頭及警報器周邊拆起，以免施工時不慎破壞；屋齡較短的也有可能碰到樓上露出的排污管線，拆除皆要相當注意。木作天花板的拆除工法與其他類似，價差主要在於天花板高度及複雜度。

行情價費用

天花板：約 **NT.1000～1300** 元／坪

壁面包板：約 **NT.600** 元／坪

拆除造型天花板會因複雜程度而有價差（左）、以結構來說拆除壁面裝飾包板其實比較接近天花板（右）。

項目要點 05

磁磚及牆面泥作拆除

此部分的工程分為三種，一是「去皮」，只打掉最外層的磁磚或裝飾壁材塗料；二是「見底」，打到看見紅磚或混凝土層，壁癌處或地板膨拱處，以及要求平整及防水處都應該做到見底的程度，才能保證後續工程品質。三為「打毛」，泥作無磁磚牆為方便日後貼磁磚，直接在牆的表面上做均勻的點狀處理，以增加磁磚與牆壁的附著力。估價以施作程度及面積計算，若面積不大的衛浴或廚房整間磁磚拆除，也常用整間計價。

行情價費用

- 壁面地面磁磚打除（見底）：約 **NT.1600～1800** 元／坪
- 壁面地面磁磚打除（去皮）：約 **NT.850～1300** 元／坪
- 牆面打毛：約 **NT.450** 元／坪
- 廢棄物清運：約 **NT.11000** 元起跳／車

圖片提供＿朵卡設計

圖片提供＿朵卡設計

衛浴重作最好都打到見底，避免沿用被拆除破壞的防水層（左）、打毛只能在平滑的漆面或泥面牆上施作（右）。

Point 2

費用陷阱停看聽，將隱藏的費用抓出來

Q01 舊地坪拆除見底，重鋪 20 坪要 16~20 萬元！？

拆除昂貴的不在拆的工錢，而是拆後的重建。見底是拆至看見結構的紅磚或混凝土層的地步，也就是舊有的防水層都會打除，在重鋪磁磚時，勢必連防水、水泥砂都得重新施作，價格大約是 NT.8000 元／坪；若只是處理表面，價格約為 NT.4000 元／坪；因此拆除見底再施工的費用約每坪 NT.10000 元，不見底是 NT.5500 元，預算上就差了 NT.4000 ～ 5000 元。因此除非有膨拱或壁癌的情形，衛浴和廚房以外不用水的一般室內空間，磁磚沒有嚴重破損不平整，重鋪不見得需要拆除見底。

Q02 拆除木櫃而已，到底貴在哪裡？

拆除沒有材料，不是建造工程，所有的費用都來自人工、使用的機具以及廢棄物清運。不論拆多拆少，只要有一個工人來就得支付一個人的工錢；北部來講，不用電動工具拆除，工人一趟的工錢約為 NT.3500 元，可以說是底價，包含在報價裡；而叫一輛清運的卡車最少也是 NT.11000 元起跳，有些會包含在報價內，有些會另列項目，這些都是基礎費用，如果有一些較複雜的處理，例如局部細拆、清除鐵釘等，價格就會更高，更不用說老公寓 2 樓以上沒電梯，還會有廢棄物的搬運費，因此即使只是拆個木作櫃，以工程的複雜度以及櫃體大小，報價破萬也是常見的。

Plus 特定工班也可以做小規模拆除：

小規模的局部拆除，例如單間小浴室，或是換衛浴三件式、廚房廚具，通常承包的施工工班，例如泥作、衛浴和廚具施工工班，也可以做少量拆除以及清運，雖然不保證一定較專業拆除便宜，但是會較為省事，可以比價看看。

想改門的出入方向，費用應該怎麼計算？

會以門為單位計算。如果是指在混凝土或磚牆面開一個門口，由於要精準精細的切割拆除，並不是單純的打除磚牆；通常門的寬度應該在 75 ～ 90 公分之間，高度則以 200 ～ 220 公分左右來計算，面積其實不到一坪，因此都是以門為單位計價。拆除磚牆的收費行情大約是 NT.1500 ～ 4000 元／坪，單獨在牆面開門口的價格約 NT.8000 元，根據牆面的厚度、材質，施工的難度等差異也會產生價差。若是拆除舊木門框，則計價方式多半會以「樘」來計算，拆除費大約在 NT.1500 ～ 2000 元之間；原有門開口填實、牆面補平也是另一筆泥作的費用。

只是拆個牆，卻說動到結構，真的有這麼嚴重嗎？

結構體不可任意變更和拆除。建築物樑柱的承載力來源，除了建物本身的結構重量之外，當每層樓的樓板承受靜載重及活載重時，樓板會將其載重平均傳遞至四周的樑與承重牆，再經樑與柱往下傳遞至建築物的基礎，而後再傳到地下之承重層，因此當承重牆被敲除後，便失去了其傳遞的連鎖效果，樓板的載重將會集中於樑上，造成樑結構的超額負載而產生破壞，因此，若是確認為結構的牆柱，最好都不要動，若是拆下去才發現就得加上鋼構補強，除了多一筆費用，沒經過結構技師計算的狀況下其實安全會較無保障。

Point 3 慎選建材設備就省一筆，選用關鍵 & 判斷心法

在重新翻修之前，先評估現有房屋中有哪些可以保留不拆、哪些一定要拆。像是地板，除非是有水電翻修的情況，不得已需拆除，否則可以保留原有地面，避免產生拆除的費用。以拆除磁磚來說，20 坪的區域至少需花費 NT.40000 ～ 50000 元不等。而老屋的復古地板往往也可成為空間焦點，像是常見的磨石子地板，目前磨石子的工法已較少師傅可以施作，相當稀有，不妨予以保留，質樸的表面能為空間注入復古風情。

01 項目要點 原有磁磚不拆，每坪少花 NT.8000~9000 元

磁磚拆除後，除了拆除的工錢，不可避免的還是之後的工程費用，拆除見底是將磁磚拆到見紅磚，後續需再重新施作防水層和填補水泥砂漿；而去皮則是僅將磁磚剔除重貼或整平，但都是得另外花費。除了因潮濕或熱漲冷縮，或是陳舊老化到影響防水，都不是非拆不可；磁磚地板可以平鋪木地板，素色的衛浴或廚房磁磚可以考慮保留，用其他設備和裝飾改善視覺效果，都是較實惠的選項。

沿用舊有地面，復古花色不僅能成為空間焦點，也能避免無謂的拆除費用。

02 項目要點 木作櫃金屬改色，保留建材再利用

少拆是拆除省錢的金律，除了磁磚，實木的木作櫃也可以考慮保留。有些古舊的木作櫃其實做工材質都還不錯，如果是實木上漆或表面是實木貼皮，都可以整理過後重新上漆，繼續沿用，木作天花板或壁飾若是木質或一般漆面，也是可以重新上漆；除了木作，金屬材質如大門，或是有些七零年代的金屬櫃，也可以用上漆換色，塑膠或壓克力等材質就不行。甚麼材質可以上漆，要徵詢油漆師傅。

攝影 _ Yvonne

將木料本身有使用的痕跡和瑕疵，可透過磨除、補土或上漆的方式修飾。

03 項目要點 預售屋、新成屋先客變免拆除

圖片提供 _ 朵卡設計

預售屋、毛胚屋在一開始規劃好就能省拆除。

如果是購買預售屋，或是在客變前階段的新屋，一定要好好把握客變機會，將所需的空間規劃好，可以省相當多的費用，除了空間不浪費，水電管線的位置也可以免除不必要打鑿的移動。若自己沒有頭緒，在客變階段就可以請設計師協助；想要有多一點的彈性，可以少一點隔間，未來裝修時有需要用輕隔間或活動隔間取代；即使決定新砌磚牆，也不需要再多拆除。

04 項目要點 少量拆除時可集工處理

所謂集工處理，其實就是指把所有要拆的都一次拆完。某些工序的工班因為工程需要，也可以包少量拆除，例如泥作、衛浴或廚具，但都會各自計算清運費用；若確定要拆甚麼，最好是一次拆完，不要分次，因為如前所述，一個工人出來一趟、清運卡車每來一次都是各算一次費用。有些時候因為工程複雜度或是預算等問題，無法一次做完所有工程，若不會造成房屋進一步壞損，可以考慮一次把該拆的都拆完。

圖片提供＿朵卡設計

攝影＿janice

拆除會清出的垃圾超乎想像，切記垃圾不能堆放在公共空間，當天垃圾要盡早清理完畢。

Point 4 評估好工班／好師傅的條件

拆除、保護工班的好壞，大概是最難估計也最容易輕忽的；設計師或專業工程統包大多有自己固定合作的對象，通常以該設計師或統包商的口碑評斷，品質不太會有大落差。自己發包要找到純拆除工班就不是那麼容易，找到也很難判斷品質，除了監工可能得更仔細，或是自己監工，是否願意對施工失誤損害賠償，也是尋找判斷負責任工班的要點。

項目要點 01

報價清晰明確，保證損害賠償

但一般拆除工班的報價不會像其他工種那麼詳細，大部分都是用目測估價，不會丈量，但是起碼做哪些項目要明確清楚，保護工程用甚麼材料、多少面積也要詳列，多找幾家報價也是確保價格合理的方式。另外像拆除工程難免還是會遇到不慎拆到不該拆的情況，在簽約或在報價單上簽名前，應該確認對方在這種情況有無願意負責任，賠償支付衍生費用。設計師統包的情況下，應該會約定在合約裡，如果是自己找的工班，正派經營的拆除公司或工班都該願意承諾負責。

項目要點 02

保護工程確實，破損即更換確保建材不受損

裝修期間的施工保護工程，不僅僅是保護原有空間的材料，一方面也是維護施工人員的安全，如果保護工程有任何翹起的狀況，應隨時進行更換，否則一旦造成原有建材損壞，反而會導致後續材料運送的麻煩。另外如果居住於公寓大樓，在裝修之前要記得張貼告示，禮貌性地讓鄰居和住戶知道即將有裝修工程。

項目要點 03

關水、斷電、排水孔予以保護封閉

在拆除之前要做好關水、斷電等處理，將消防感應器暫時關閉，另外也要把所有室內排水孔做好保護封閉，包含廚房、衛浴、陽台、馬桶糞管等，以免拆除過程中，磁磚或泥塊等工程廢料不慎掉落，造成管線阻塞，或是打破水管。

STEP 2

水電工程

就居家裝潢而言，水電工程是不能省略的基礎工程，
無論是新舊屋或中古屋，若是水電工程從一開始
就沒有處理好，馬上就會遇到漏水、跳電問題，
除了造成生活不便外，最重要還會影響到鄰居。
因此無論找不找設計師，在決定裝潢時，
第一件事就是找水電師傅協助全部重新評估，
連新成屋也是，一開始把電源、網路、
冷熱水管等都確認過一遍，才能確保居家安全，
也省下未來局部裝修或管線施工的麻煩及費用。

項目	單位	數量	單價	金額	備註欄
水電工程					
配電盤整理結線安裝施工	式				XXX電纜電線 2.0
電箱至開關面板配線	處				開關數多施工費則高
漏電斷路器及安裝工資	組				
固態繼電器配置	組				
電燈電線配置	切				全室電線換新
220V 專用插座電源迴路	迴				施工前要預留插座閉孔位置
110V 專用插座電源迴路	迴				
排水配 1 又 2 分之 1" 及 2"PVC 管出口	口				
污水配 3 又 2 分之 1"PVC 管出口	口				
冷水配 ST 壓接保溫管出口	口				主幹管為六分，支管四分管
熱水配 ST 壓接保溫管出口	口				主幹管為六分，支管四分管
USB 插座面板及安裝	處				
崁燈安裝工資	盞				單顆方型、雙顆方型、四顆方型、5W/LED 圓形
錶後天然氣管線配設	式				由瓦斯公司施工，如需要另案辦理
小計					
合計					

Point

1. 看懂施工計價方式與工時預估

水電的計價方式是連工帶料來計算。在料的方面，主要管路多以距離計價，管線長短、迴路組數牽涉到成本高低，而且項目多且繁雜，只要動一個地方就可能會涉及全部，例如以一間 20 坪老屋全室水電管路換新，通常至少需預估約 NT.30 ～ 50 萬元。所以在詢價時一定要問清楚，才能有合理的估價。

2. 費用陷阱停看聽，將隱藏的費用抓出來

水電項目多且雜，因此在報價時要很小心，有些師傅會簡單寫，但也有師傅在估價單上寫得十分詳細，但不管是那一種報價，要小心的是水電工程需要一開始就想清楚，才不會造成後續的麻煩及後悔。

3. 慎選建材與設備就省一筆，選用關鍵 & 判斷心法

水電工程最難省，也很難換料，因為水電說一就是一，不能退讓。一旦退讓會造成後面居住很辛苦，因此針對建材與設備就盡量選擇用好的且一次到位。試想設備和建材用料可能用上 10 年，以此類推，安全為主要。

4. 評估好工班／好師傅的條件

水電師傅的辨別方法就是請他提出自己擁有證照，例如早期的甲、乙種電匠，及現在的乙、丙級室內配線技術士等等外，多出題考師傅也是不錯的方式。

Point 1 看懂施工計價方式與工時預估

項目要點 01

配電

新成屋比較沒有配電的問題，因為以現在的用電需求，建設公司都會安排足夠電量及電流，但是面對 10 年以上的老房子，這部分最好要請水電師傅看一下總電容量是否符合需求，再來決定如何配電。以 30 坪的房子拉到 33 ～ 50 安培是足夠的，然後再針對居住者的需求分配電量，並拉出每個空間所需的專用迴路，就不怕一跳電全部跳的危機。目前整理總開關電源箱的費用大約 NT.15000 ～ 20000 元（含總開關全新電箱），而電線迴路更換大約在 15 米以內的價格以太平洋電纜電線 5.5mm 約 NT.5000 ～ 8000 元／迴，太平洋電纜電線 2.0mm 的 NT.3500 ～ 6000 元／迴之間。

行情價 費　用	約 **NT.15000 ~ 20000** 元／式 (電力開關箱盤更換、整理)

圖片提供＿采金房

圖片提供＿采金房

10 年以上的中古屋或老房子，最好請水電師傅針對家中的總開關電源箱再做一次詳細檢查，看看電量是否足夠、電線是否堪用或過期等。基本上整理總開關電源箱的費用大約 NT.15000 ～ 20000 元，若要加大電量則會另外計價。

項目要點 02

開關與插座

開關與插座的設置應視屋主的需求而定，否則為了不要延長線爬滿地，卻要付出昂貴的材料及安裝費用，其實得不償失。開關與插座的面板其實並不貴，但貴在後面的佈線與安裝，往往一組雙插座或單切開關計算下來都要 NT.2500 ～ 4000 元／組左右，看看家裡要放幾組，費用算下來可就不便宜了。而且牆壁面上的開關數愈多，施工費愈高，另外切換的次數愈多，其安裝費用也相對提高，一定要留意。

行情價費用 ｜ 約 **NT.2500 ～ 4000** 元／組
（視開關數而定，愈多則施工費愈高）

圖片提供＿采金房

增加插座或開關數量，會影響水電預算，因為線材加施工的費用大約是 NT.2500 ～ 4000 元／組不等，所以規劃前要三思。

種類	特色	計價方式
廚房設備專用迴路	NT.5000 元／個	廚房用電量大，建議最好詢問目前電器使用，並設專電供應，規劃好才能免跳電
地板插座迴路	NT.2000 元／個	
地板插座面板（國際牌）	NT.1500 元／個	
壁面開關及安裝（國際牌）	NT.2500 ～ 4000 元／組	視開關數而定，愈多則施工費愈高
3 合 1 電源線、控制線管路、安裝	NT.3500 元／個	
開關、插座、燈具出線口	NT.500 ～ 550 元／個	出線口與面板價格分開計算
電視、電話、網路出線口（至來源端配線）	NT.2000 元／個	

項目要點 03

給排水管路、通水管

除了電線要全室檢視或更換外，冷熱水供給的管路檢查或更換也是重要的工程，一般而言，熱水管早期是用鐵管，但是容易鏽蝕，所以現在更換都用不鏽鋼管取代。至於冷水管通常使用 PVC 塑膠管，可彎曲塑型，但如預算許可，有些豪宅 就會使用不鏽鋼。而且因為使用材質不同的關係，所以熱水管被更新的機會大於 冷水管，將以往的鐵管換成現在的不鏽鋼材質，使用年限也會比較長。

不論是衛浴、陽台或廚房的地面大多都有地面排水，在配管前要先試排水是否通暢，如果原先的排水管有堵塞情形應先通水管，如果是過於老舊或是較為嚴重的堵塞情形，最好是另接一支新管放棄原來舊管能省去完工後不久又堵塞的情形。

行情價費用

冷熱給水新增或位移、配管 約 **NT.4000 ~ 6000** 元／組

排水新增或位移、配管 約 **NT.1500 ~ 2500** 元／組

通水管費用 約 **NT.3000 ~ 4000** 元／式。（一般出機一次）

種類	特色	計價方式
PVC 冷水給水配管	NT.1500 ～ 2500 元／口	主幹管為 6 分管，支管 4 分管。 一般冷水管給水在進入空間時會加大為 6 分管，再依需求分 4 分管配送，但若是用水量大，例如衛浴的進水管大多用 6 分管，再用 3 條 4 分管分別送水給馬桶、臉盆、浴缸（淋浴設備）
不鏽鋼壓接管熱水給水配管	NT.4000 ～ 6000 元／口	若外層有包覆保溫層的不鏽鋼管，價格更高
排水配管	NT.1800 元／口	
汙水配管	NT.2000 元／口	
汙排水管移位	NT.5000 元／口	不含地坪墊高，位移要小心

圖片提供＿采金房

左／熱水管佈線在牆裡用不鏽鋼管。右／衛浴裡的給排水管線配置用 PVC 管，可以很明顯看得出兩者材質的不同。

項目要點 04

廚衛設備、燈具安裝

就水電工程來說，若可以的話，最好不要動到廚房及衛浴，保留其管線路徑只更換管子是最省錢的方式。尤其是設備，能保留就保留。若真的要更換，也最好是趁裝潢時一起完成較佳，例如衛浴的馬桶、面盆、浴缸等等，安裝任何一件都以 NT.1500 ～ 3000 元計算，還不含設備的費用，若一次施工，找衛浴廠商直接報價連工帶料會比較划算。燈具也是，若是採光不錯的空間，建議減少燈具安裝，少一口燈具出口及迴路就可以省下不少錢。

行情價費用

衛浴設備安裝費 約 **NT.1500 ~ 3000** 元／組
廚房設備專用迴路 約 **NT.5000** 元／組

種類	特色	計價方式
衛浴排風乾燥設備	NT.1200~1800 元／式	不含設備採購
燈具安裝	NT.200 ～ 350 元／盞	吊燈不含在裡面
強制排氣瓦斯熱水器安裝	NT1500 ～ 3000 元／式	不含熱水器採購
管路切割打鑿清運施工	NT.5000 ～ 8000 元／式	視現場估價
加壓馬達（自動斷電）測試及安裝	NT.13000 ～ 15000 元／組	含開關、白鐵管、馬達、電纜線
馬桶／面盆／浴缸安裝	NT.1500 ～ 5000 元／組	各算一件

圖片提供＿采金房

圖片提供＿采金房

空間裡多一盞燈就多一條電線及出口，費用當然也會跟著增加，而且選用燈具本身形式不同、愈複雜的燈具，安裝費用愈高。

Point 2

費用陷阱停看聽，將隱藏的費用抓出來

Q01 我不想家裡電線蜘蛛網爬滿走，想要多加插座？但費用怎麼算？

A：**基本上建議最好是一個空間視需求設置 1 ～ 2 組雙孔插座較符合需求**。過往插座的規劃可能一個空間只有一組，只有在客廳及餐廳才會多一組，但對應在現在的科技時代，常會發生裝潢完後不夠用的狀況。另外，因應家庭裡的電器「爐具」的增加，例如水波爐、微電爐等等，在規劃時也要把專線迴路及 220V 的插座需求一同思考。不過在配電時，建議仍是要請專業水電師傅先評估，若有必要仍是要向台電申請大電（加大電量）才比較安全。費用上，像廚房設備專用迴路 NT.5000 元／組，開關、插座、燈具出線口 NT.500 ～ 550 元／個。

Q02 衛浴、廚房位置變動，為什麼除了拆除、泥作費用增加，連水電工程預算也一併提高？

A：**只要更動就所有管線都要重拉**。若是動到隔間牆，管線就不僅是更換而已，而是重新配線，會視現場情況決定管線走的位置會是要走地板，或是牆面，甚至是從外面重拉進來等，因此其費用可能會比之前只是更動局部的管線要來得比較高一點，尤其是衛浴、廚房移換位置，其施工條件不只是管線更動，還涉及防水工程的重做，甚至還會動到瓦斯管路，可說是動一髮遷全身。因此若可以的話，建議還是不要更動廚房及衛浴的位置比較好。

電視、電話、網路線配置的費用有不同嗎？

其實這三者的費用是一樣的。因為這三條線在施作時，通常是一併施工，因而在相關計算上也是以同樣的報價計算，除非有特別指定進口品牌或特別等級的線材種類，否則費用相同。此外，配線長度、開孔數及線路的連動關係也都會影響價格，基本價格帶約在 NT.2000 元／個不等，若管線配置時還需切壁、打牆、鑽孔，還會有其他衍生的費用。

我家水壓不夠，加裝加壓馬達會很貴嗎？

加壓馬達連工帶料安裝費用大約 NT.13000 ～ 15000 元不等。其實是見人見智，一般老舊公寓因為樓頂水塔的水壓無法順利送到每一戶住家，甚至容易發生熱水器點不著的情況，加裝加壓馬達的確可以解決這方面問題，但前提最好還是花個 NT.500 元請水電師傅先測水壓，否則安裝加壓馬達很容易發生爆水管的情況。

Plus　申請竣工圖對照有保障

水電其實是最麻煩的工程，除了一定要請專業合格的水電師傅來處理外，最好屋主能去申請這棟房子完工的竣工圖來做參考。一個健全的管委會通常會保留一份建檔，若是找不到，也可以任委設計師或水電工程單位至房子座落的縣市政府之建築管理工程處去申請原始圖檔，好對照深埋在牆裡的管線，請水電師傅與泥作師傅配合，以束帶標記管線位置，避免不慎打破壁內管線，也免破壞公共管線，得不償失。

Plus　善用客變，省去變更管線的費用

若是購買預售屋，建商都有提供客變服務，建議可以好好運用這項優勢，像是管線的配置、格局的微調等，都可以及早進行變更，省去之後二次施工的麻煩，也相對減少另一項成本的支出。例如電源、電話線、網路線、視訊、燈具等的插座或出線位置都在客變範圍，也包括各冷熱水管線的遷移也為客變的服務內。

Point 3 慎選建材與設備就省一筆，選用關鍵 & 判斷心法

水電最難省，無論是工錢或是材料費，也因此水電工程也是最容易被追加預算的地方，因此建議若可以，最好能跟工班或設計師先把想要做的項目一個個列出來，談清楚並清楚報價，才不會造成事後的追加，要知道只要增加任何一條管線，或是更換設備，都會導致水電工程的費用爆增。

01 項目要點 漏電斷路器裝與不裝學問大

關於在衛浴或廚房加裝漏電斷路器的設置，其實爭議比較大，設計師認為新成屋多半都有這個機制，所以不用再加裝；至於以中古屋來說，若屋主不打掉重練全室電路，那麼安裝漏電斷路器反而有跳電疑慮，那麼建議不安裝比較好，不然未來若有跳電爭議，到底誰是誰非難以斷定。而且除非屋主還在用 10 年前的老舊吹風機，不然現今家用電器都有自動斷電設計，遇水漏電很難發生。因此在與設計師或工班謹慎評估的前提下，若其建議不需花錢做這個項目，能省掉約 NT.2000 ～ 3000 元的施工費。

圖片提供＿聿和空間整合設計

不變動馬桶和濕區（淋浴間等）位置，最能省下水電預算。

02 項目要點 事前決定好插座開關位置和數量

開關、插座位移時，需要有打管溝、拉線配管、泥作修補、垃圾清運等主要四個過程。因此最好在施工前先清清楚開關的數量及位置，以方便水電師傅定位及拉線處理，並在施作前最好跟師傅多次確認插座、管線位置，避免事後要新增或更改，都需打牆重做，產生修補的花費。另外，電線配管在安排路徑時，最好不要超過 4 個彎，不然會提高抽拉電線難度而導致加錢。

監工細節	
	(1) 事前要確認現場放樣管路路徑，避免亂打牆。 (2) 檢查埋入牆面管線是否用 CD 硬管確實包覆。 (3) 管線走位要整齊，封牆前記得拍照記錄。

圖片提供＿聿和空間整合設計

想要省錢，開關面板的選擇還是簡單就好，以國際牌星光開關面板單開關也不過才約 NT.100 多元，而多一條迴路切換就要加近一倍的價錢，要慎思。

03 項目要點 回切設計少，且開關面板選擇簡單的就好

現在開關設計除了可以切回路，讓人在不同地方切換燈光開關外，同時面板設計也愈來愈多樣化，還有夜間照明的開關面板等，其實想要省錢，開關面板的選擇還是簡單就好，以國際牌星光開關面板單開關不過才約 NT.100 多元，而六開關的就要約 NT.2500 多元，差 5 倍。切迴路也一樣，多一條迴路多 NT.2000 元，因此建議除非萬不得已，還是買最普羅級的產品即可。

Point 4 評估好工班／好師傅的條件

居家修繕的領域裡，「電」的部分包含舊線換新、電容量的分配、燈具及冷暖氣的裝設等。而「水」的部分，則包含冷、熱水管的配置、排水管、糞管，以及衛浴配件組裝等。像是家裡的水管排水不良、管路漏水問題等，都是水電師傅的專長。

項目要點 01

找有證照及營業執照的水電行或有口碑的師傅

網路的關係，導致很多人在網路上找水電工，其實水電涉及家裡的生活便利性，因此建議還是找熟人比較好，萬一要維修，對方也才能隨叫隨到。因此最好找位在家附近有營業執照且本身擁有甲乙級電匠資格，或是同時具有室內配線技術士和室內配管技術士（或相關類科技術士）證照，才能從事水電之執業或開業。如此一來，不但有安全保障外，也有保固服務，師傅也較不至於會偷工減料。或者可以請人介紹口碑好的師傅，像是找泥作師傅介紹等。

項目要點 02

年資及經歷很重要，水電工程有保固

一位優秀的水電師傅技能的養成，通常是師徒制，新進無經驗的水電工（學徒）要先從最基礎工作做起，包括彎管、配管等之準備工作，負責傳遞工具並從旁向資深、具證照的師父學習，隨著年資增長、技術精進及通過水電相關證照考試，逐漸加深其工作內容的複雜性。約有 3 年左右工作經驗的水電工負責一般性維修、更換等工作；5 年以上工作經驗之資深水電工（師父）具有豐富的工地現場施作作業經驗，不僅會負責難度較高之水電工程，甚至有時必需獨自完成業主交付的工作，也可能帶領 3 ～ 5 人共同施工。所以，資歷愈久的師傅，所遇到的問題較多，也比較容易協助解決，這是在找好師傅時必要挑選條件之一。

項目要點 03

一定要看現場、確認需求，估價才確實

由於水電工，很多是以工帶料在報價，因此在施工前一定要請工班師傅看過現場，這樣估價單才會精準。而且水電管線的分配與報價，其實跟要拉的管線距離遠近有關，一定是看過現場才會報價，若隨便估算，到時要追加或總額不變但可能會偷工減料，反而得不償失。

項目要點 04

遇事先反應，專業器材輔助施工更確實

擁有專業水電執照的師傅，會在施工前協助屋主做好水電的健康檢查，諸如管線老舊、廚房用電容量等，要事先溝通，才能讓水電工程一次到位。而且有經驗的水電師傅一出門都會帶專業的工具，例如水平儀、水壓計等等，可以依此判斷。尤其是超過 20 年以上的中古屋，由於水電管路已年久失修，因此最好再請師傅重新配管並提升電容量，才能應付未來的居家使用的需求。

圖片提供＿聿和空間整合設計

圖片提供＿聿和空間整合設計

上／
擁有專業水電執照的師傅，會在施工前協助屋主做好水電的健康檢查。

下／
水電工很多是以工帶料在報價，因此在施工前一定要請工班師傅看過現場，這樣估價單才會精準。

STEP 3

泥作工程

泥作工程是屬於空間裝修的基礎工程項目之一，範圍涵括了室內、外所有會動用到水泥的部分、地面或牆面整平等，最常見的像中古屋翻修、廚房與衛浴更新，另外還有貼地磚以及壁磚等。而在所有的拆除工程結束後，所需的修補也歸屬於泥作工程負責，例如新架鋁窗或門的拆除處泥工填縫修補、衛浴防水工程、磁磚水泥打底等。至於收費方式，大多都是用「坪」來計算，例如貼磁磚、防水工程等，不過也有的用「式」來計算，像是門或窗的拆除處泥工填縫修補等，一般來說工與料的費用占比為6：4。

項目	單位	數量	單價	金額	備註欄
泥作工程					
壁地面泥作粗胚	坪				
防水施作	式				三層
壁面磁磚 (25*33cm)	坪				磁磚購買後需驗收，先確認批號、編號、顏色、尺寸，以及包裝有無破損等細節。
地面磁磚 (25*25cm)	坪				
砌紅磚 4 吋／雙面粉光	式				一般磚牆估價，含雙面粉光、打底
主臥門孔砌磚雙門粉光	式				
客廳冷氣孔／砌磚粉光／面貼磁磚	式				磁磚軟硬底施工有價差。
泥作雜作	式				
陽台落地鋁窗邊框粉光	式				
小計					
合計					

Point

1. 看懂施工計價方式與工時預估：

泥作工資行情只要工法沒有太花俏，一般都有一定的參考標準，大部分的計價還是建議採連工帶料；但因建材選擇日益多樣化，選料的價格差異性也大，如果是泥作表面材或設計所需的特殊材，有時就會以工、料分開的計價方式。

2. 費用陷阱停看聽，將隱藏的費用抓出來：

在施工前一定要請工班師傅看過現場，這樣估價才會準確。像是地平不平？需不需要刨掉打底？或是上粉光、還是鋪木地板就好等，都要詢問清楚，確實掌握預算流向。

3. 慎選建材與設備就省一筆，選用關鍵 & 判斷心法：

分為基礎泥作及泥作鋪磚工程。基礎泥作為水電管線完成面覆蓋，衛浴、陽台磁磚打底、防水、修補、貼磚等。泥作鋪磚則是在地、壁面完成磁磚的鋪設，要記住泥作工程通常是固定的，不像傢具、五金能容易退貨，所以在進料、施工中、完工後，確實與泥作師傅取得共識，不會事後有額外修補的延伸費用。

4. 評估好工班／好師傅的條件：

泥作師傅的經驗多為十幾年，甚至三、四十年的豐富工程經驗。好的師傅會協助確認進料的品質，例如地磚、壁磚是否平整、有沒有缺角等問題；甚至會設想周全，像是檯面及衛浴地板止水條的設計、浴缸底部的強化。

Point 1 看懂施工計價方式與工時預估

項目要點 01

砌磚、牆面 & 地坪粉光

砌紅磚是指 1/2B（1B ＝ 24 公分）的四寸磚，通常用於內隔間，隔音、防火效果比輕鋼架隔間來得好；八寸磚則專門用在戶外牆或分戶，防水及載重的功能都較強，拆除的時候需要進行整體的結構分析。砌磚牆應要分兩日進行，待磚牆縫隙的水泥乾了之後再繼續進行粗胚的動作，避免磚牆變形發生危險。注意在新砌磚與舊有牆壁間找適當位置植入鋼筋固定，稱為壁栓，是要了加強磚牆的穩固性，避免裂縫產生、發生倒塌危險。

牆面或地坪粉光則是為油漆、壁紙工程做準備。地坪若要貼塑膠地磚、或施作 EPOXY、磐多魔地板則需要先粉光，避免因為施工面凹凸而影響表面的平整度；若是要貼磁磚，則只需打底、塗上防水層即可施作，不需粉光。粉光地坪在施工時不能曝曬於烈日下，如果在日正當中要在室外施作時應搭建蓬架，讓氣溫維持常溫、室內施作時無論進行中或完成後要保持對流、通風、維持適當濕度以利養護。舊屋裝修門窗工程更新時，就需要進行泥作的崁縫工程；而水電工程因出線口移位、延伸，為了管線不外露、走暗管處理，就會在泥作牆打管溝，並由水泥修補。

行情價費用	
砌紅磚	約 **NT.6000 ～ 7000** 元（含粗胚、粉光）
牆面、地坪粉光	約 **NT.2500** 元／坪
鋁窗週邊填縫	約 **NT.2500** 元／坪
管溝水泥修補	約 **NT.10000** 元／式（20 ～ 30 坪住家）

圖片提供 _ 天瑋公司吳順財

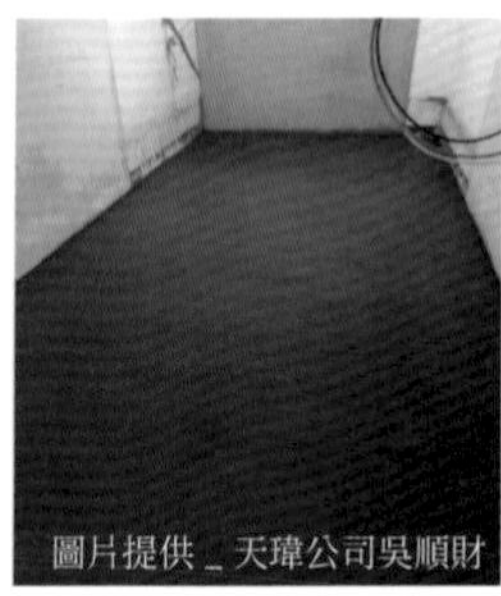
圖片提供 _ 天瑋公司吳順財

水泥砌磚時要注意磚與磚之間排列是否整齊，磚需以交丁方式堆疊，縫隙不可位於同一位置（左）。貼地磚前的粗胚打底，有效降低地面「不平」的可能性，並且拉平鏝刀痕跡、表面孔洞等瑕疵（右）。

項目要點 02

衛浴 & 頂樓防水

衛浴的防水建議整室重新施作，避免局部裝修只做到部分防水，導致防水線交接不密合，日後漏水需要花費更多時間拆除、修補。衛浴防水是在衛浴泥作地坪打底時做好洩水坡度，並在入口做好擋水的小土牆；再於壁面與地面依序塗上防水漆就完成。注意衛浴防水高度傳統做法是做到 180 公分左右，建議提高到 220 公分是最保險的，因為淋浴時會有水蒸氣往上竄升，如果防水高度不足，上方牆面也會容易有水氣留在牆面受潮，提高防水層，就能減少水蒸氣滲入。

屋頂漏水多半是長期陽光曝曬或風吹雨淋下造成防水層老化，或建築物面臨地震後產生縫隙，這樣前提下的方式，就是重新施作屋頂防水；另外也可能是屋頂洩水坡度不足，造成雨水積在某個區域，防水層長期浸潤失效。另外要注意的是，要先作好防水、再貼磚比較保險，而防水漆一定要是油性防水漆，以及地壁使用一樣的漆，這樣防水材質上才能完美銜接。監工時，建議採用滾輪塗刷施作而非油漆刷（有太薄的疑慮），且注意接縫處有無均勻。

行情價費用

衛浴防水 約 **NT.6000 ～ 8000** ／間
（1 ～ 1.5 坪彈性水泥刷塗 2 ～ 3 次）

約 **NT.10000** 多元／間
（1 ～ 1.5 坪進口壓克力防水漆＋防裂網）

頂樓防水 約 **NT.10000 ～ 15000** 元／坪（防水毯）
約 **NT.7000 ～ 8000** 元／式
（2 ～ 3 坪陽台地面）

Ps. 估價單上常見兩種單位方式，注意問清楚是以「料」還是「坪數」計價。

圖片提供＿演拓室內設計

衛浴防水至少塗佈二層，日後較無擔憂漏水的問題。

項目要點 03

貼磚、磁磚加工導角

「地磚」要具備耐磨、防滑以及載重的功能，所以不能使用「壁磚」替代。施作前建議請有經驗的師傅先確認，購買的地磚是否平整（不要選用過於翹曲的），否則容易發生在施工後，發現地面不平整的問題，卻因無法釐清是材料問題或施工因素而產生紛爭。磁磚貼好後需等 2～3 天，待磁磚完全固定後再進行填縫，最後利用海綿沾水清洗填縫處與磚面，注意清水要常換，不然泥水乾涸後將難以擦拭。

而貼「壁磚」時最好牆面與磁磚都要抹上易膠泥或海菜泥，這樣接合處才會緊密無空隙，如果有空心，日後容易有龜裂情況發生。貼壁磚時，要依照磁磚的大小決定水平線高度，然後由水平線為起點，往上貼或下貼，採用往上貼的方式可藉由木作天花收掉，進而減少半塊磚外露的問題。以工序時程上來說會先貼壁磚再貼地磚。在最後磁磚轉角的收邊，能加工磨成 45 度內角，才不會過於銳利，造成運送碰撞時傷人，也較為美觀。

行情價費用

地磚／壁磚 馬賽克 約 **3600～11000** 元／坪
（多用在壁磚）
仿舊木紋磚 約 **NT.4000～5000** 元／坪
石英磚 約 **NT.2300～4500** 元／坪）
60*60 拋光 約 **NT.7000** 元左右／坪
80*80 拋光 約 **NT.10000** 元左右／坪
磁磚加工導角 視石材廠報價（多會用在中島廚房、電視牆大理石加工）舉例：60 公分 ×120 公分磁磚一塊約 **NT.1000** 元，進行 3～4 刀裁切，費用為 **NT.2000** 元左右

圖片提供＿天瑋公司吳順財

攝影＿沈仲達

左／鋪排磁磚的時候，可以利用磁磚整平器作為輔助，讓磁磚的縫隙大小一致。右／且注意施行馬賽克磚時，因為顆粒較小，要等完全乾後再抹縫。

項目要點 04
門檻

「人造石門檻」多為ㄇ字型，品質穩定且價格較低，但視覺感較呆板，下方要填入水泥砂強化強度，最後與下方地坪連結。注意門檻要在貼磚前先安裝，且高度約 2 ～ 3 公分最佳，過高走路容易會踢到，過低則失去阻水作用。而深色的大理石或花崗岩材質，建議能用在大門門檻加寬尺寸，且採用石材硬度的高特性，如兼具耐髒效果，而大理石門檻建議可到大理石加工廠找現成的料，但大理石門檻如果需導角處理，價格就會提高許多，可能會從原本的 NT.1,000 多元增加到 NT.3000 ～ 5000 元。

行情價費用
人造石門檻 約 **NT.1200 ～ 1300** 元／支（訂製）
大理石門檻 約 **NT.1300 ～ 1500** 元／支（現品）

圖片提供＿演拓室內設計

攝影＿賴副副

門檻的主要功能是讓水回流、不外滲、阻隔灰塵，以及界定空間等；除了大門外，與水相關的廚房、衛浴間、後陽台等地方建議都要施作。

項目要點 05
石子鋪面

石子鋪面主要是指將石子、人造石、玻璃珠混入水泥砂漿後，抹於粗胚牆面打壓均勻，其厚度約 0.5 公分～ 1 公分，多用於壁面、地面，甚至是外牆。

「洗石子」在建築外牆最常見，是石子水泥砂完成後，表面處理用水沖，因為力道較大，所以剩下附著的石子表面會展現大小不一的情況，完成面摸起來表面較刺，也較容易卡塵；「抿石子」則是用海綿抹的，帶走的表面泥砂較少、顆粒較密集，視覺與觸感也比較細膩，室內以抿石子使用較多，大部分會使用於衛浴（適用於乾濕分離）、玄關等處，清潔上雖較不易，不過其在赤腳使用時會有較好的止滑功能、也可以利用抿石子砌成浴缸營造湯屋的休閒感。

行情價費用
洗石子 約 **NT.2500 ～ 4000** 元／坪
抿石子 約 **NT.3000 ～ 4500** 元／坪

Point 2

費用陷阱停看聽，將隱藏的費用抓出來

Q01 泥作工程的進行，什麼時候會衍生防水工程的費用？要怎麼計算？

A：**一般會發生在衛浴間或陽台的泥作工程**。假設要做隔間，磚塊會先堆在地上，先澆水浸濕後才能施工，往往水一澆就可能流到樓下，造成樓下天花板滲水，細心的泥作師傅此時會在地上鋪一層帆布，才疊上磚塊再澆水，就能避免這種狀況，但若真不慎造成樓下滲水，應由設計告知鄰居，等油漆工程來做時會一併修復。而若是要在樓上的陽台造景，防水的施作更要特別留意，一般來說，防水工程均以「坪」來計算，會依工法使用的用料而有所不同，但注意這筆費用千萬不能省。

Q02 施工時才被告知估價單上的磁磚都沒現貨，這筆費用要怎麼避免？

A：**基本上如果施工前的合約擬定確實，就不應該有此狀況發生；反之如果在工期緊迫、不能等待的情況下，也就只能以次級或不喜歡的花色替代**。所以在選擇磁磚時就要在合約上白紙黑紙寫下確認貨源是否充足，並註明缺貨替代磁磚的貨號、廠牌等級等資訊。另外磁磚尺寸、是否對花也會影響計價方式，一般磁磚以「坪數」計價，大塊磁磚以「片數」計價，小塊磁磚如小口磚、馬賽克則是以「才」計價，最好將估價單上的磁磚品項都獨立出來看，才能知道自己可以得到哪種等級的產品。

Q03 做一道泥作牆隔間，要花多少錢？木作隔間和泥作隔間價格怎麼差那麼多？

A：**如果以坪來計算，約 NT.5500 ～ 6500 元／坪不等**。泥作砌磚施作是屬一般正常結構隔間，有隔音、防火等基本效果，相對施工價位也會高於木作隔間。現在市場上的價位約 1 坪為 NT.5500 ～ 6500 元不等，這裡頭包括了水泥、砂、紅磚（白磚）、砌磚工資及搬運工資、粗面打底、細部粉光等等。但是若要再加上防水或表面的磁磚等，則就要另外注意會有價錢的延伸。

軟底、硬底施工是什麼意思？什麼時候該用軟底？什麼時候用硬底？價格有差異嗎？

A：**硬底施工時間長，軟底施工時間略快**。「硬底施工」指的是會先以水泥砂漿打底，才進行鋪設磁磚的工法，屬於最標準的磚材施作方式，適用於 50×50 以下的磁磚。因為小塊磁磚本身輕巧易於調整，不需依靠下方底層的柔軟度，就可自由移動，但由於要多一道打底程序，所以施作時間會較久。「軟底施工」則是不用打底，只是先以水泥做一層簡單的半濕軟底，就進行磁磚的鋪設，通常適用 30×30、50×50 以上的大片磁磚，因為大片磁磚移動不易，需要依靠軟底滑動來調整位置和洩水坡度，這種做法的優點是施作時間快速。

項目	硬底施工	軟底施工
特性	以水泥砂漿打底後再貼磚，壁磚施作只能採取此工法。	不用打底，鋪好水泥砂漿後就貼磚。
優點	磁磚與施作面的附著性較好，且平整度佳。	價格便宜、施作速度快。
缺點	施作時間長、價格也比較高。	附著力略差，易發生膨共現象。
價格／單位	打底 NT.1000 ～ 1500 元／坪，磁磚貼工 NT.1500 ～ 2000 元／坪（含接著劑，不含料），並注意通常陽台、屋頂的價格會再高一些。	NT.1500 ～ 2000 元／坪（不含料）

Point 3

慎選建材與設備就省一筆，選用關鍵 & 判斷心法

關於泥作工程，如果預算不夠，在磚牆的替代材質上可使用具備透光特性的玻璃，價格、工錢都相對便宜。另外如果牆面有規劃特殊造型或使用特殊材質，砌磚牆時就要抓好尺寸，才能省工、省料。而假如預算不足建議就依照現有格局做規劃，就可以有效省掉拆除、砌牆、磁磚……等大筆費用。

01 項目要點 常見隔間材質評比，選擇最適合自己的居家用料

屬於泥作工程的磚牆，具有堅固、隔音好等優點，但工期較長，且價格也相對較高。若是有必要更動格局的情況，除非是衛浴這類需要防水的空間需要用到磚牆結構，在一般不講求防水、隔音的狀態下，多會建議以工期短、價格也經濟實惠的輕隔間替代就好。而所謂的輕隔間，是相較於磚牆來說，重量較輕的隔間材質，像是木作、輕鋼架等都可稱為輕隔間。一般磚牆隔間的施工大多需花 3 ～ 4 週，每坪約在 NT.6000 ～ 8000 元。以輕鋼架來說，30 坪的空間約可於 2 ～ 3 天完成，有效縮短工時，每坪約在 NT.1800 ～ 4500 元，與磚牆相比，每坪費用最高會差到 NT.3000 ～ 4000 元。

項目	磚造隔間	木作隔間	輕鋼架隔間
特性	運用磚頭與水泥砂漿施作，結構穩固，隔音最好。但需等水泥乾燥，施工期最長。	以木質角材為骨架，上下立柱後中央加上吸音棉或岩棉（延綿有 K 數之分，越高隔音越好），外層再加上板材（建議選用防火矽酸鈣板）。可依照吊掛需求增強部分區域的結構。	以金屬鋼架為架，作法和木作隔間似。由於金屬骨架為預製品，施工比木作隔間更快，也較便宜，經常用於商業空間。
適用情境	客廳、衛浴等乾濕區都適用。	材質不防水，適用於客廳、臥房等乾區。	客廳、衛浴等乾濕區都適用。

項目	磚造隔間	木作隔間	輕鋼架隔間
優點	1 隔音優良 2 結構紮實	1 施工快速 2 價格經濟實惠	1 施工快速 2 價格較低
缺點	若有滲水情形，容易產生壁癌。	1 比磚牆的隔音效果較差。 2 以骨架為底，事後若要釘釘子需確認骨架位置。	1 隔音效果最差。 2 以骨架為底，事後若要釘釘子需確認骨架位置。
價格／單位	NT.6000 ～ 8000 元／坪（連工帶料）	NT.2000 ～ 2500 元／台尺（連工帶料）	NT.600 ～ 1500 元／㎡（連工帶料）

圖片提供 _ 天瑋公司吳順財

木隔間隔音效果差可以填入隔音棉並且加上雙面封6分版，能有效提升木隔間的隔音效果。

圖片提供 _ 演拓室內設計

02 項目要點 磁磚、塗料、後製清水模是居家清水模的替代材

市面上已有多種仿清水模塗料、磁磚、後製清水模可供選擇，擁有施作方便、載重低、施工快速等優點，是居家清水模的良好替代材。尤其塗料泛用範圍廣、能創作出各種造型，亦可塗覆於櫃體，實用性高。

項目	清水模	水泥粉光地板	後製清水模	磐多魔
特性	以混凝土灌漿澆置成，表面不再做任何裝飾，呈現原始水泥質感。	由1：3的水泥砂混合添加物、骨料及水所組成，是最基礎的水泥工法。受原料品質、師傅經驗和施工手法影響，呈現差異較大	混凝土混合其它添加物製成，適用於室內、外天花與壁面。	以無收縮水泥為基礎的建材。具備高硬度與抗裂性，可調入色粉配合各式設計風格。
優點	呈現一體成型的簡潔美感，不用再使用外壁裝飾材。	無接縫、可塑性高，因紋路及色澤皆獨一無二，呈現特殊質樸風格。	高度擬真的清水模感，保證不失敗。可先透過打樣確定風格、色澤，較清水模便宜、輕巧。	無接縫、好清理、不起砂、色彩選擇多元化、具備防火性。
缺點	高度考驗施工技術，失敗只能重來。室內施工不易，價格較高。	使用日久會有變色、易裂和起砂等問題。	材質易碎，不適用地面；相較之下，沒有清水模那麼「活」。價格較真清水模低。	有氣孔、易吃色、造價高。
價格／單位	視建築設計而訂	NT.3000元～10000元／坪（連工帶料，不含地坪的事先修整）	最低施工面積為30平方公尺，價格為NT.90000～100000元；30平方公尺以上，則NT. 2500元／平方公尺（連工帶料）	NT.13000～15000元／坪

03 項目要點 符合文化石磚基本施工量才能省錢；並以文化石壁紙替代文化石磚

如果想要營造 Loft 居家，或想打造北歐設計風格品味，文化石磚是不可或缺的裝飾元素。由於文化石磚廠商會自訂基本施工的面積，如果施工面積低於基本量，單價就會提高，因此需仔細計算剛好符合基本坪數的文化石磚排列片數，並利用片數來抓填縫的大小，如此就是省錢的做法了。

另外比起文化石磚，改用文化石壁紙替代，費用上也可便宜許多，而且還能隨意在牆上釘上裝飾品，不必擔心傷到建材，日後的清潔維護也較不用費心。

攝影／Yvonne

採用文化石壁紙，不僅創造磚牆質感，也省下貼磚的費用。

04 項目要點 仔細評估地板、牆面和隔間狀況，不拆也沒關係

如果空間深度較淺，或格局略帶壓迫感，可藉由拆半牆或是在表面貼覆具反射效果的鏡面材質，讓空間視覺延伸，也不用花費拆除費用。另外，像是廚房直接以烤漆玻璃取代傳統壁磚，都能省下一筆拆除花費。

攝影／Yvonne

若地面狀況良好，無磁磚拱起問題或傾斜，可直接安裝木地板，避免拆除。

Point 4 評估好工班／好師傅的條件

泥作工程俗稱為「土水」（台語），就很明白地道出泥作工程就是與土和泥相關的工作。一般居家修繕常見的地磚壁磚、隔間修改、磚牆粉光、頂樓防水等都屬於泥作範圍。從一開始的搬運、施作，到完工的清潔工作，好的泥作師傅可是一點也不馬虎。如何找對泥作師傅，也是一門重要的學問！

項目要點 01

先找人介紹水泥工，並多比較

在沒有設計師幫忙監工的保護傘下，盡量找親朋好友先介紹認識的泥水工洽談，除了施工品質外可先有參考依據外，也可以較容易找到人品誠懇實在的師傅，在比較的同時，也別貪心，有多少預算做多少事，品質好才是重要的，注意在施作重點上，可以特別詢問師傅「防水怎麼做？」、「塗抹彈性水泥的方式？」從中來判斷水泥師傅的用心程度。

項目要點 02

防水工程有保固，施工時做好排水口保護措施

泥作最重要的一環，就是防水。大致來說，屋頂、陽台、衛浴等一定會有防水工程，一般人或許搞不清師傅防水施作的好壞，所以是否提供保固就很重要了，一般來說多半提供一年的保固期，所以在發包前最好跟工班師傅確認，才有保障。而衛浴有較多的排水口，在施工過程中，若泥作師傅沒有做好防護工作，即可能造成日後的阻塞，千萬要注意。

項目要點 03

確認磁磚的施工品質

表面防護有沒有徹底，透水性如何要先了解清楚，如果是拋光石英磚，建議表面要防護要徹底以免吃色，如屬於透心材質，基本上要注意到表面滲透與吃色的問題，再來是檢視磁磚與壁面的結合力，用在壁面時要特別注意結合力是否牢固，可用手敲敲看或者撥弄看看，若聲音不實，或有浮動現象就要馬上處理，以避免剝落現象。

項目要點 04

拼貼對縫等細節十分注重

地磚、壁磚的拼貼作業中，對縫及縫隙大小是能影響美觀的重要工作，好的師傅在拼貼作業開始前，都會先確認屋主對縫隙大小的要求。若是不同材質的拼貼，因為厚度不同，則更是容易從表面是否平整來判斷師傅對施工的細節是否注重。

攝影／Yvonne

攝影／Yvonne

上／
好的泥作師傅會注意不同地磚建材在接縫時的細部處理，復古紅的西班牙陶磚展現了早期台灣常見的紅磚地板印象。

左／
有責任感的泥作師傅都不建議趕工，以免得不償失，像是牆面轉角的縫隙處理。

STEP 4

空調工程

空調已經是家家戶戶必備的家電用品，
尤其是炎熱夏日時，
每天至少也得開個幾小時的冷氣來冷卻室內溫度。
空調在挑選和裝置上，要依照房子的坪數、
樓層和是否有西曬來做評估，
如果位處頂樓或是有西曬，
配置的冷氣噸數建議要多個至少1～2噸，
冷房能力才充足。

項目	品名規格	單位	數量	單價	金額	備註欄
壹	日立、大金 1 對 1 壁掛冷氣保養：					客、餐廳
	內外機保養	組				
貳	日立、大金 1 對 1 壁掛冷氣銅管抽換：					
	被覆銅管 2/5	M				
	控制線 1.25X4C	M				
	安裝工資	式				
參	大金經典系列 1 對 1 冷暖變頻壁掛分離式冷氣：					依房屋條件決定空調型式
	被覆銅管 2/3	M				
	控制線 1.25X4C	M				
	鍍鋅冷氣架	只				依材質有價差
	內外機吊設安裝、配管連結工資	組				
	雨棚、室外機電源、修飾管槽	組				
小計						
合計						

Point

1. 看懂施工計價方式與工時預估：

依據自家的環境條件，來挑選合適的空調設備，重點空間的冷氣噸數要夠充足，不然久了反而消耗機體設備。

2. 費用陷阱停看聽，將隱藏的費用抓出來：

請師傅提供完整報價單，並詳列設備的項目和價格，如果有疑問的地方要先詢問清楚避免，免得溝通出現落差。

3. 慎選建材與設備就省一筆，選用關鍵 & 判斷心法：

預算充足購買第一品牌的空調設備，當然耐用度最好，如果預算不夠充裕，只能選購第三品牌，建議以變頻的機種為主。

4. 評估好工班／好師傅的條件：

空調工程是專業的技術，可以請賣場推薦師傅或詢問周邊友人，介紹配合過的工班，比較保險。

Point 1

看懂施工計價方式與工時預估

項目要點 01

空調設備—壁掛式空調

壁掛式冷氣是一般家庭最常使用的款式，因為施工簡單而且日後的維修也方便。所以如果不希望天花板作封板，以及預算有限的情況下，可選擇配置壁掛式空調。平日也可以自行進行簡單的清潔工作，例如清洗濾網、擦拭外殼。不過，壁掛式排水孔的銜接處，建議要以矽利康作接合，避免長期使用造成鬆動，導致排水倒流。另外因為壁掛式冷氣排風是單向的，所以要留意迴風的空間是否寬裕，不然會導致空氣流通不夠良好。

行情價費　用

壁掛式空調 約 **NT.27000** 元起跳

（3～4 坪，視品牌而定）**安裝費用** 約 **NT.4500** 元起跳

壁掛式冷氣的安裝工程比較簡單，通常一台冷氣大約 1 ～ 2 個小時就能安裝完畢；壁掛式冷氣的風向單一，裝設時要考慮出風位置，避免直吹人體。

項目要點 02

空調設備—吊隱式空調

追求視覺美觀的人，通常會選擇吊隱式空調，因為機體可以隱藏在天花板內，但檢修孔的位置要留好，盡量讓檢修孔位置鄰近機體，而且維修孔的開口記得要預留日後維修空間，能讓雙手方便操作的大小為佳，萬一日後要維修或清潔會方便很多。進出口的迴風位置也要注意，不建議設計在櫃體上方，以免影響出風及迴風的效能，降低冷房能力。

行情價費用

吊隱式空調 約 **NT.27000** 元起跳
（3～4坪，視品牌而定）**掛機費用** 約 **NT.4500** 元起跳
出／迴風口 約 **NT.600～1200** 元／個
（常見的是線形，也有圓形、方形設計）

圖片提供_亞維設計

圖片提供_Tina

上／一般的居家空間，會搭配木作天花板隱藏吊隱式冷氣的機體，讓出風口埋藏在木作中。

下／而有些講求工業風的空間，甚至不需要遮掩吊隱式冷氣的機體，這樣的迴風效能自然也更好。

項目要點 03

安裝架

室外機通常會用安裝架，裝設在外牆壁面，而安裝架的材質常見的有「鍍鋅」和「不鏽鋼」兩種，目前住宅普遍使用鍍鋅材質，使用時效大約 10 年。雖然比起鍍鋅材質，不鏽鋼較為耐用，使用期限可以長達 10 年以上，但價位也比鍍鋅貴上至少一倍。安裝架在安裝時，需要貼平壁面，不然運轉時容易產生噪音，也應該避免裝設在懸空的外牆上，日後維修人員若沒有足夠安全空間進行維修，會是一個困擾。

行情價費用

安裝架 約 **NT.1200** 元起（鍍鋅）
約 **NT.3000** 元起（不鏽鋼）
導風罩 約 **NT.1500** 元起／個（不含工資）
集風箱 約 **NT.1200** 元起（依尺寸與材質而異）
送風集風箱 約 **NT.1800** 元起（依尺寸與材質而異）

圖片提供_Tina

圖片提供_Tina

左／而室外機如果與隔壁的距離太近，建議裝設導風罩，避免熱風的排放會對鄰居造成影響。

右／室外機通常不只一台，並列時盡量不要太靠近，避免熱風排放的不夠流暢。

項目要點 04

保溫軟管

吊隱式空調安裝時，會搭配保溫軟管，與集風箱做銜接。一般來說保溫軟管跟集風箱的接合處會以透明膠帶做固定，而且保溫軟管一共有二層，內層是由鐵絲環繞著鋁箔覆蓋，要先用透明膠帶黏貼，接著再用保溫棉覆蓋，並拉緊到集風箱出風處，外層一樣用透明膠帶黏貼，做固定的動作。保溫軟管的主要功效是隔熱，所以如果發現軟管有耗損，最好要重新包覆，才不會影響冷氣效能。

行情價費用

保溫軟管 約 **NT.140** 元／米（依管徑而異）

圖片提供_亞維設計

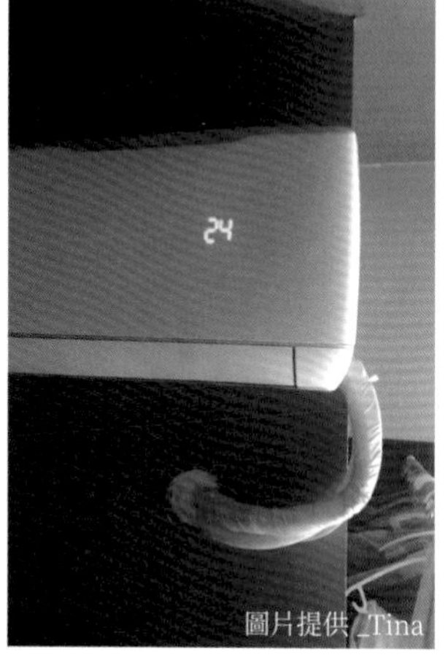

圖片提供_Tina

左／保溫軟管的配線，會盡量讓室內機和室外機的距離不要太長，以免影響冷氣效能。

右／保溫軟管通常會從室內機一路接到戶外的室外機，所以冷氣安裝時，會先進行管線安裝動線的勘查。

項目要點 05

排水管、銅管

不管是壁掛式或吊隱式冷氣，都會裝設排水管。當冷煤和空氣進行熱交換時，空氣中的水分在蒸發器或冰水盤管的表面會不斷凝結成水珠，需要透過排水管將水分排出設備外，才不會囤積在機體內部。而銅管通常用在分離式冷氣，是輸送冷媒的管道，外覆泡棉做保護，避免銅管因為結露而滴水。

行情價費　用	
排水管	約 **NT.1200～1500** 元／組（依距離而異）
銅管	約 **NT.400～600** 元／米（依管徑而異）

圖片提供_Tina

圖片提供_Tina

左／銅管外層都包覆著泡棉，主要是保溫和隔熱，讓銅管不會因為結露而不停滴水。

右／當冷氣啟動後，會看到排水管不定時的排放出水分，讓濕氣不殘留在機體內。

Point 2

費用陷阱停看聽，將隱藏的費用抓出來

空調施作包含哪些項目？行情價是多少？

A：

空調常見的有壁掛式和吊隱式，費用又可區分為「機器設備」與「安裝費用」兩種。壁掛式空調是最普遍常見的，只要是不複雜的施工，會只收取基本安裝費約 NT.4500 元起／式，但如果室內機的冷媒管到室外機之間的長度，超過基本米數的長度，比如空間剛好是挑高樓層，室外機的架設可能比較麻煩，那麼預算也就相對會再增加。如果是吊隱式空調，因為集風箱與風管會外露，有些人為了視覺美觀，會另外再請木工做天花板遮掩，那麼就會再多花一筆木作費用，所以這部份要視每個人的喜好決定。

Plus　關於集風箱

為吊隱式空調的安裝配件之一，最大的功能就是將室內機送出來的冷氣集中起來，冷氣再經由保溫風管傳送到出口集風箱。材質通常是 PIR 革熱保溫板，重量輕且氣密性、保溫效果佳。行情價通常約 NT.7000 元／個（根據尺寸不同而異）

找大賣場來安裝空調比較省錢嗎？

A：

有特惠活動時可多注意。空調工程牽涉到品牌、擺放位置、樓層、離主機的距離遠近、出風口、排水、距離等問題，要先進行評估，才知道要購買多大的噸數，冷房效果才充裕。如果有西曬或是東照的問題，也要併入考量因素。目前大賣場販售的空調設備，都有固定配合的工班，賣場本身為了口碑，會先進行審核的動作，所以，一般來說如果在大賣場特惠的時候購買空調，空調設備的安裝條件也不複雜，的確是可以省到錢。但如果空間的安裝條件較困難，就會多花費一筆費用了。

冷氣有分壁掛式、窗型及吊隱式，在裝修時價差有多大？

冷氣的價格決定於品牌及機型，還有安裝費用，至於品牌及機型，則視個人喜好而定。老建築通常以「窗型」居多，優點是冷氣的機種較便宜，但現在窗型的機型愈來愈少。而「壁掛式」，分成室外機及室內機，也是居家空間內，最常見到的空調設備，好處是裝設時，施工不複雜，日後也方便保養維護，裝修費用上，因為很少會遮掩壁掛式空調，因此只需要負擔空調設備本身的價錢；「吊隱式」優點是只留出風口，而且會搭配木作包覆天花板，不會影響到室內風格及設計，但因為吊隱式冷氣安裝得考慮到室內機及管線、排水問題等，在安裝費用上平均貴上約 NT.6千～ 1 萬元。

Q04

想增設冷氣專用的排水器，約需多少費用？

靜音排水器價格約 NT.1500 ～ 2000 元（依馬力而異）。排水器分成電動排水與虹吸排水兩種方式，最常見的電動排水器，是經由水箱、浮球開關、抽水馬達所構成，當冷氣開始啟動，一定會產生冷凝水，並流入水箱。當水箱內的水滿了，浮球開關就會導通，抽水馬達就會進行抽水動作。排水器又可以區分為靜音和非靜音，建議購買靜音排水器，雖然價格略高一些，但比較安寧。在安裝排水器時，需要注意良好的管路動線。如果安裝不當，可能會接觸到水氣，增加電線走火的風險。因此，建議將排水器的電源迴路設定為獨立電源，與冷氣的電源分開，以確保安全穩定。

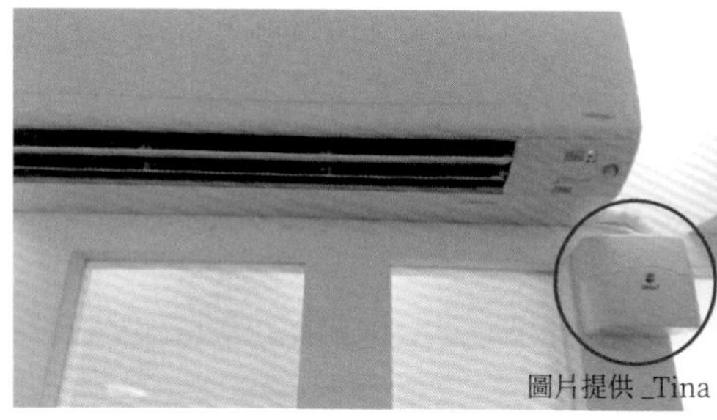

圖片提供 _Tina

排水器的安裝，也比較不容易產生導管因為冷凝水而外表結露，產生滴水狀況。

03
項目要點
從功能需求來挑選冷氣

變頻冷氣能將室溫控制在正負溫差約 0.5 度上下，藉此維持恆溫，而達到省電效果。而且因為空調運轉時，室內為封閉狀態，因此，保持空氣清淨度也很重要，目前有些空調設備也強調有空氣清淨功能，主要有兩種方式，一種是藉濾網、光觸媒、抗菌清淨機制，去除空氣中的灰塵、塵蟎。另一種則是在機體內安裝「防霉」裝置，避免冷氣啟動後機體內部因水珠凝結與空氣中的塵埃雜質混合，而產生霉味。

圖片提供 _Tina

近年來新款的冷氣，開始會附有「關機防霉」按鍵。

04
項目要點
網購或團購可節省費用，唯須注意貨源，確保日後保固權益

如果將空調工程統包給空調廠商施作，冷氣的冷媒管一般內含施工在 10 米內，通常不需要額外收費；若委由大賣場施作，也有以 5 米為限，超過 1 米會再加收費用的計算方式，需確認清楚。如果施工環境條件簡單，選擇網購或團購確實能節省一些費用，唯須注意貨源，確保日後保固權益；但若環境條件較為複雜，建議還是尋找專業的空調工程廠商處理，日後維修也比較安心。此外，空調工程的保固分為兩部分，一為機器設備的原廠保固，另一為施工安裝的裝修單位保固。一般消費者可能難以分辨其差異，因此在考慮網購時，宜選擇正規賣場或裝修單位，以確保服務品質與售後保障。

圖片提供 _ 亞維設計

預算有限時，可考慮網購或團購，唯須注意貨源，確保日後保固權益。

Point 4 評估好工班／好師傅的條件

除非從事裝修產業，不然一般人平日不太會認識工班師傅。當需要工班時，建議可以先從周邊找起，比如請朋友或親戚推薦，或是多上網打聽資訊。有些人會從大賣場或網路購買空調設備，一般都會附基本安裝，這種搭配的工班大多很有經驗，但要記得保留好報價單和師傅的聯絡電話，日後需要維修時，才有人選。

項目要點 01

記得和師傅確認訂購品牌、型號、機種、 配件是否正確

空調於安裝之前，一定要記得檢查廠商送來的室內外機的品牌、型號、機種與配件，是否與估價單上吻合，以免施工後發現有誤，就比較難處理，可能無法退貨。而且銅管的品牌、材料厚度及管徑大小是否正確，或是排水管是否選用 PVC 管，而非一般透明水管，都會影響後續的使用年限，所以安裝前最好有做好確認動作。

項目要點 02

按照設定的施工計畫施工

空調工程在一開始，通常會擬好空調的施工規劃，並且先預留好適當的空間，好放置機器。施工時要留意天花板高度及排水管坡度等，檢測時，需拿圖仔細對照是否按照計劃進行。空調機器及水管，如果洩水坡度不當，很容易造成積水與生鏽問題，因此施工結束後，比較細心的師父，通常會啟動空調，觀察個 5 ～ 10 分鐘，即可得知是否排水順利或是機器的架設是否穩妥。

項目要點 03

大賣場或網購配合的工班，通常也很有經驗

除了找親朋好友推薦工班外，通路門市通常都會有固定配合的安裝師傅，有些通路的水電配合商，都會先經過考核。才會推薦給消費者。畢竟通路是直接面對消費者，如果施工後有狀況，可能會直接怪罪在購買的通路身上，所以大多數的通路也都很慎選推薦廠商，以免日後被客訴。另外，建議一定要留好安裝師傅的聯絡方式及報價單，如果安裝後出現問題，才能找到人處理。

STEP 5

金屬工程

空間修繕中金屬工程包含的類別相當多元，舉凡門窗、五金門把、鐵件層板書架、金屬類裝飾面材、掛架吊桿、輕隔間、型鋼樓板、金屬梯、鐵件扶手欄杆等，都可透過鋁、黑鐵、不鏽鋼等金屬材質施作實踐，營造或個性、或輕盈的風格美學。應用金屬材質時，除了價格考量之外，不同種類金屬的延展性、硬度、防鏽蝕特質各異，因此在施作之前必需針對環境條件、使用用途來審慎挑選。

項目	單位	數量	單價	金額	備註欄
金屬工程					
走廊 9.0 鋼板電鍍 + 骨架烤漆	式				
舊有鐵門修復、 外加黑帖信箱雷切割字	式				依材質有價差
活動書架 +1.6 層板烤漆	座				
鋁製水溝蓋	米				
前房間折紗	樘				
氣密窗搭配 5mm 厚玻璃	才				上固定下橫拉
隔音窗搭配 5mm+5mm 厚雙層膠合玻璃	才				
出車費	式				窗框太大或太重而沒有電梯，就得叫吊車
小計					
合計					

Point

1. 看懂施工計價方式與工時預估

金屬原物料的國際市場價格波動，較其他木材、石材等變化幅度來得大，因此即使是相同物件、相同形式，在不同時期可能也會有不同的報價。加上金屬設計樣式、施作工法、現場安裝的困難度等因素，都會影響整體價格；若是客製化的鐵件工程，則通常依據設計圖來估算材料費、工錢，以整件作品、連工帶料的方式計算總價。

2. 費用陷阱停看聽，將隱藏的費用抓出來

近來將鐵件應用於室內設計的比例已愈來愈高，但多數人對金屬工程的了解仍較薄弱，不像對木作、塗料或石材那般有概念。加上金屬材不同的加工技術，會造成費用上的差異，另外客製化鐵件的報價有時也很難量化，總總因素，都會影響裝修時整體費用的評估。

3. 慎選建材設備就省一筆，選用關鍵 & 判斷心法

不論小至五金或大至鐵件、門窗，金屬工程因價格帶範圍高低落差大，若要聰明節省預算，需跳脫對高價的迷思，可選用國產取代進口，或以規格品取代訂製品。

4. 評估好工班／好師傅的條件

大件金屬建材或門窗搬運上較不容易、光面不鏽鋼材也怕碰撞磨擦，因此能留心保護建材、愛惜自家產品的廠商師傅，且能提供完整規格型號資訊，在施工品質上也一定會讓人較信任安心。

項目要點 01

鐵鋁門窗工程

住宅門窗分為對外與室內兩個範疇，玄關門與對外窗的挑選，除了美觀之外，還需考量防盜、防水、防颱、隔音等功能。價格影響因素相當多，不同的材質、形式、品牌等條件下，費用各自不同，另外也會依施工難易度來調整報價。以窗戶為例，不同的開窗方式（如橫拉式、推射式與固定式）、不同的窗型材質樣式（如氣密窗、廣角窗、防盜格子窗、捲門窗），搭配不同的玻璃等級（一般玻璃、複層玻璃、Low-E 玻璃、防侵入玻璃），價格落差極大，可依自身預算來挑選。

行情價費用 價格落差大（依不同材質、形式、品牌，而有不同價格帶）

種類	特色	計價方式
玄關門	為居家安全的第一道防線，需考量材質的強固性、門鎖防盜性、隔音性，另外還需符合防火安全標章。玄關門形式包括單扇、雙扇、子母門、雙玄關門及門中門，依照生活型態與需求來挑選。	約 NT.45000 元起／樘（依尺寸、門片材質、設計而定，基本款為採用鍍鋅鋼板的設計）
室內門	室內門的形式包括推開門、橫拉門、折疊門，其中橫拉門及折疊門能創造彈性隔間，鋁框鐵件搭配玻璃門片，還能營造穿透感，使空間運用更多元。	（以樘計價，視規格、材質、設計而定）
三合一通風門	將玻璃門扇、紗窗及防盜飾條三項功能合而為一，並可透過旋轉鈕來調節成全開、半通風、密閉等不同的通風量，一般多用於廚房後陽台。	約 NT.12000 元起／樘

種類	特色	計價方式
氣密窗	窗框多以塑鋼和鋁質製成，特殊設計塑膠墊片加上氣密壓條，產生良好氣密性；搭配厚玻璃、膠合玻璃或複層玻璃，能達到良好的隔音與防颱效果。	約 NT.1000 元起／才（進口產品）；約 NT.400 元起／才（國產產品）
廣角窗	主要特色在於其主體結構突出外牆，中間一般為固定式景觀窗設計，兩側搭配可開啟的推射窗，使視野擴大。	約 NT.850 元起／才（依製作方式不同而異）
防盜格子窗	結合氣密、隔音及防盜多重機能，窗格材質一般以鋁質格或不鏽鋼格為主，有些以穿梭管穿入，增加架構強度。窗格內外緊貼強化或膠合玻璃，複層玻璃中央真空設計，可創造一阻絕層，減緩玻璃對溫度及音波的傳遞，達到維持室溫、提升冷房效益，並有效隔絕室外噪音。	約 NT.1000 元起／才
捲門窗	升降捲門葉片，材質採雙層鍍鋅鋼板或鋁合木板，表面覆有塑化膜，夾層中另包覆 PU 發泡材，兼具防盜、隔音隔熱等優點，操作方式分為電動開關與手控開關兩種方式。	約 NT.1000 元起／才（電動馬達另計）
複層玻璃	雙層玻璃，中央為空氣層，能防止室內外的氣流經由「窗」而滲透或外散，讓室內形成一個保溫空間效應，發揮隔音、隔熱、節能等多重效果。	約 NT.800 元起／才（5mm+5mm 強化複層玻璃）
Low-E 玻璃	在表面貼上一層 Low-E 薄膜，能反射大部分的紫外線和紅外線，抑止熱能進入，冬天時也能避免室內熱能散失，提升節能效果。	約 NT.600 元起／才

種類	特色	計價方式
紗窗	篩窗防止蚊蟲，也可阻擋一部分戶外塵埃飄進室內，提升居家環境衛生與生活舒適度。紗窗材質為尼龍網、玻璃纖維紗，也有不鏽鋼紗；形式則可分為傳統紗窗、折疊式隱形紗窗或捲軸式隱形紗窗。	一般傳統紗窗會內含於窗戶的報價之中，若是折紗或捲紗則另加價約 NT.2000 元起／樘，或 150 元起／才
開口限制器	一般鑲嵌於窗戶底部，是一種限制窗戶開口幅度的阻擋器，取代固定式鐵窗的作用，可避免幼童不慎墜樓的意外事故、維護兒童安全，也具有防盜作用。	約 NT.200 ～ 400 元／個

圖片提供＿日作空間設計

圖片提供＿Studio APL 力口建築

圖片提供＿鉅程空間設計

上／可依不同的窗戶用途、窗形比例，選擇推射窗、橫拉窗或景觀窗，車庫則可搭配電動捲門，出入使用更方便。左下／居家最常使用的窗戶與陽台落地門形式為橫拉式門片，價格上也最為親民。右下／連結後陽台的三合一門，不需另裝紗門，視覺上較為清爽簡潔，黑色門框與室內的深色櫃體也能互為呼應搭配。

項目要點 02

五金、把手與門鈕

室內裝修的五金種類，包括鐵釘、鉸鍊、滑軌、把手、門鈕等等。若依生產方式，可分為規格品與設計訂製品，前者是工廠量產的規格五金，後者是專為個案而委託工廠打造的設計五金，在價格上有極大的落差。另外，五金的價位也取決於材質與加工方式，譬如即使造型、機能完全相同的五金，整支全用不鏽鋼製成，單價就會比鍍鉻的高；產地與品牌的不同，也造成價位有高低之別，譬如德國、日本品牌的五金，就會比台製來得貴上一些。

行情價費用｜約 **NT.10** ～數萬元（依功能、材質、產地與品牌不同而異）

種類	特色	計價方式
滑軌	輔助開拉抽屜的五金，有各種功能可選擇，像緩衝、展開尺寸等。以組計價，價格會依尺寸、安裝位置、有無緩衝功能、產地有所差異。	國產品每組約 NT.200 ～ 1000 元；進口則 NT.2000 元以上（依功能、品牌而定）
鉸鍊	用於連接門片，需依門片尺寸決定安裝數量。可選擇開啟角度，分成 90 度、110 度、165 度等，或是有無油壓緩衝器等。	國產品一個約在 NT.50 ～ 110 元；進口品約 NT.85 ～ 250 元，也有上千元的（依功能、品牌而定）
拍拍手	按壓就能開啟門片的裝置，可達到平整櫃面的視覺效果，依開啟門片的深度選擇不同種類拍拍手。	國產拍拍手約 NT.50 ～ 60 元／個；歐洲品牌約 NT.400 ～ 500 元／個
把手與門鈕	把手與門鈕用於方便推拉門扇或抽屜，搭配得宜還能為美感加分。把手與門鈕的尺寸、形式相當多變，材質從低價的塑料、陶磁、鋁合金，到高價位的金屬皆有，甚至也能客製化用整根漂流木來打造。	約 NT.10 ～數萬元／支，材質、做工與品牌（含產地）都會影響價格
懸吊門五金	懸吊門可做客餐廳的活動隔間，也能應用於落地衣櫃，透過裝在上方天花的軌道與滑輪來推動門片，有些懸吊五金並具有緩衝功能，使用上更安靜順手。懸吊門五金基本上都必需考量支撐門扇的承重，因此需注意堅固度與耐重性。	約 NT. 數千～數萬元／整組（連工帶料），價位依五金材質、施工難度而不同

圖片提供 _Studio APL 力口建築

圖片提供 _ 日作空間設計

左／門把可透過量身客製化訂做，不論是加入圖形或名字字母，能打造出屬於自己的獨特風格。

右／特殊五金雖然價格較高，但往往具有畫龍點睛的作用，譬如雙開門扉搭配金屬構件門環，低調散發中式古風。

圖片提供 _ 日作空間設計

活動式桌板藉由滑輪來前後移動書桌位置，挑選品質較佳、耐重性足夠的滑輪五金，用起來更順手也不會卡卡。

項目要點 03

鐵件工程—不鏽鋼板、黑鐵

用來作為室內裝修設計元素的金屬（非門窗與結構材），一般歸納為雜項鐵件工程，常見如鐵件薄板打造的書櫃層架、雷射雕刻的鏤空壁飾、鐵件嵌入木作或玻璃的拉門與屏風、黑鐵條把手欄杆等等。主要的金屬材包括不鏽鋼、黑鐵、銅等，因其延展性佳、易於塑形，可彎折做出各種造型；另外，透過表面加工，也能使鐵件呈現多元面貌變化，不論是工業風或是俐落現代感，都能有精彩表現。鐵件工程的報價，在業界慣用以整件作品、連工帶料來計價，主要是因為鐵件多為客製化訂作，因此鐵件廠商通常必需要看到設計圖，才能估算出大約的材料費、工錢，最後再給個總價。

行情價費用 價格落差大（依材質、尺寸、表面加工處理方式與施工難易度，而有不同價格帶）

種類	特色	計價方式
不鏽鋼板（白鐵）	俗稱白鐵的不鏽鋼，在室內裝修中為最常應用的鐵件建材。可打造成櫃體、屏風或拉門等單品，也可嵌入木作、玻璃裡當裝飾元素。不鏽鋼板的氧化速度較慢，但日久也會生鏽，故表面仍需做防護處理。	（價位隨厚度與表面加工處理而不同） **毛絲面：**厚 1.0 ～ 1.5mm 約 NT.2400 ～ 3600 元／平方米 **光面：**厚 1.0 ～ 1.5mm 約 NT.2700 ～ 4200 元／平方米 **鏡面：**厚 1.2 ～ 1.5mm 約 NT.4800 ～ 5250 元／平方米
黑鐵（生鐵）	相較於不鏽鋼，黑鐵的鐵質含量高，故較重。其特質為質地軟、延展性佳，宜用在非結構的地方，常用來打造鍛造花窗、藝術風格欄杆，室內則多見於燈具、燭台傢飾，或鏤空黑鐵壁飾等。由於材質易氧化，表面必需做好防護層，最常用鍍鋅的方式來防鏽。	厚 1.0mm 約 NT.960 元／平方米 厚 1.5mm 約 NT.1500 元／平方米 厚 2.0mm 約 NT.1950 元／平方米

圖片提供＿日作空間設計

圖片提供＿日作空間設計

右／白色鐵板書架，看起來輕薄卻十分堅固，不封背板的雙面透空設計，能使室內尺度看起來更寬敞。左／鐵件打造的樓梯扶手，在工廠做好之後再於工地進行組裝，因此各構件尺寸製作需要精細無誤差，以便能夠在現場順暢接合。

圖片提供＿鉅程空間設計

玄關處的屏風，採用方管鐵件與底座石材結合，並運用垂直水平線條、疏密排列，創造出空間律動感。

項目要點 04

結構型鋼

鐵件在室內裝修的運用，一種用於裝飾性，另一種則是結構性型鋼。結構型鋼可做挑高空間的夾層、快速增設樓地板，也能打造穩固、視覺感卻相對輕盈的金屬樓梯，或是替代泥作磚牆做成輕隔間的鋼骨架。由於關係到承重結構性與安全性，因此型鋼在挑選時要更講究物料與工法，該用較厚的鋼材或搭配較貴的五金就絕對不能省。型鋼的價格，基本上越粗厚就越貴。一般用型鋼來做隔間、夾層、樓梯，不會只用建材的單價去計算，而是會評估整體施工工法與難易度後，再以坪或一式來報價，約 NT.3000 ～ 15000 元／坪（取決鐵排列密度與坪數多寡，表面夾板另計）。

注意夾層靠著鋼構的筋力與牆面的力道來支撐，這個部分要與師傅溝通好技術層面，並優先考量整體建物的安全性，設計師最好能配合結構技師再複算一次。用型鋼做出架構，再鋪設木心夾板與地材，有時會再加入隔音棉，優點是施工簡便，且對空間而言增加的結構重量也較輕，一般不必用到很大支的型鋼，但缺點則是踩踏感覺不佳，隔音效果也較差；而另一種鋼構樓板則是用型鋼做架構，鎖樓層鋼板後再灌漿，等水泥層乾透後再上表層材料，完成後的穩固性最接近水泥鋼筋結構，也比較不會出現樓板共振而產生的噪音。

行情價費用

C 型鋼：約 **NT.300 ～ 600** 元／米
（規格從 75×45×2.3mm 到 150×15×2.3mm）

H 型鋼：約 **NT.1400 ～ 2500** 元／米
（規格從 100×100mm 到 250×125mm）

Ps. 規格等於截面（斷面）的尺寸。

圖片提供 _ 今硯室內裝修設計

圖片提供 _ 今硯室內裝修設計

右／挑高空間夾層多以型鋼來打造結構，若挑空面積不大，選擇加粗的 C 型鋼就可以；另外也需要注意材質與工法，以防止產生樓板共振的噪音。左／型鋼結構打造的樓板，厚度比較不會像傳統 RC 水泥來得那麼厚，較能保持夾層高度不至於感到壓迫。

Point 2 費用陷阱停看聽，將隱藏的費用抓出來

想訂製一面鐵件屏風，為什麼同樣尺寸，報價卻有極大的差異？

主要是因為非規格品的客製化鐵件，每次設計難以複製，加上選用的金屬材質、做工繁複程度，總總因素都會影響成本。基本上鐵件材料以重量來決定價格，因此板材越厚或越粗，單價就越高。另外，切割越複雜，造價就會越貴，而且當板材的鏤空比例較高時，材質就得加厚，否則成品容易變形，也會使材料成本提高。除了金屬材本身的差異之外，不同的加工技術（譬如鍛造、鑄造），不同的面材處理方式，如電鍍、拉絲、拋光、鍍鈦、氟碳烤漆、粉體烤漆等，也會造成價差。因此即使是尺寸相同，一件雷射切割鏤空花紋加烤漆的屏風，跟單純規格品的格柵式屏風，就會有價格落差。

用不鏽鋼、黑鐵設計空間，會比木作貴很多嗎？

不一定。鐵件材料本身價格雖然較貴，但因金屬在工廠多已先行裁鋸、挖孔、雷射切割等加工，若是選用規格品也會先在工廠製作完成、後續只剩組裝，可省去許多現場施作的工時；而木作需要比較多的手工與師傅在現場施作，有時還需要二道以上的表面材處理，譬如先貼覆實木貼皮、打磨、收邊，最後面材再上一層防護漆或噴漆，工程時間耗費較久。所以綜合材料、所耗工時與工資，整體而言，裝修運用金屬並不一定會比木作貴。

Plus 鐵件尺寸需事前計算精準

鐵件的收尾方式跟木作不同，因不鏽鋼材質堅硬，鐵件在工廠切割時就必需算得很精準，沒法像木工到了現場之後還可視狀況再切割或磨薄些，或組裝時再臨時修改。因此鐵件設計時尺寸必需算得十分精確，還得考慮進退面的收尾細節，並在圖面標註詳細說明。若沒算到進退面，到現場就可能因為差 1、2mm 而無法組裝。

若不想用傳統鐵窗，還有其他能保持通風與防盜的鐵窗設計嗎？收費怎麼算？

常用於車庫的捲門，也有可裝設於窗戶上的，一般稱之為「捲門窗」，價格約 NT.800 元起／才（電動馬達另計）。這類的捲門窗所使用的材質包括雙層鍍鋅鋼板或鋁合金板兩種，除了可防盜之外，還兼具防颱、隔音、隔熱等優點，加上透氣孔設計，有如一道會呼吸的窗戶，操作方式分為電動開關與手控開關兩種方式。除了捲門窗之外，目前還有一種節能防盜捲窗，可平整安裝於窗框中，提升美觀度，類似百葉的葉片設計，能調整不同角度，增加通風與採光，讓室內空氣流通，預防一氧化碳、瓦斯中毒或墜樓意外。

櫃門關起來時無法緊閉，有時還自動打開，是因為用到便宜、品質不好的五金嗎？

要看當下狀況評估。不一定與五金的價格高低有關，而可能是安裝施工時沒注意，譬如鉸鍊中心點沒抓好，不能有效支撐門片，導致門關不緊甚至會自動打開，此時可請師傅重新校正櫃體垂直線、調整五金位置。另外，櫃體組裝過程中，會因為現場進行板材裁切產生木屑粉塵，安裝五金前應注意仔細清除乾淨，避免五金因卡入小碎屑，而造成使用不順暢情況。

Plus 鐵件拉門軌道要加強懸吊五金用料

懸吊式拉門，全靠上方的軌道五金來支撐門扇重量，故搭配的五金通常為不鏽鋼，價格從 NT. 數千至數萬元都有。目前大多採用鋁軌，優點為靜音、輕巧，兼具緩衝功能。若門板材質加上玻璃或金屬，其重量較重，用久了五金金屬容易變形，因此在挑選時計算出門片整體重量，再去選擇適當強度的懸吊五金，安裝時也要注意門板和滑軌有無呈一直線。

Point 3

慎選建材與設備就省一筆，選用關鍵 & 判斷心法

金屬鐵件依不同等級、加工方式，價格帶從低到高有著不小落差。若要為品質把關、又要有效降低費用，可掌握幾項原則，譬如不需執著於高價或進口品，現今許多台製品牌也有一定的口碑；此外，挑選規格品鐵件、選擇適當的施工手法，也都能為口袋預算把關。

01 項目要點 破除等級與高價迷思，窗戶依需求來挑選

窗的報價因品牌和窗戶形式，以及搭配的玻璃材質而不同，譬如國產氣密窗約 NT.400 元起／才，進口約 NT.1000 元起／才。若預算有限，不一定要侷限於高等級、高價，而是可依照空間條件，譬如窗戶是否臨馬路、是否為西曬面？再依自身需求挑選適當的隔音、防曬等級。譬如臨馬路的窗戶，可選擇隔音、隔熱效果的 5mm+5mm 複層玻璃；若是西曬面則可選用 Low-E 玻璃，有效阻擋熱能與紫外線。

注意窗戶報價標示	一般窗戶報價多半不會單獨列出玻璃的費用，而是將玻璃包含在窗戶計出整體價錢，但如果是膠合、Low-E 玻璃或其他特殊厚度的，就會單獨拉出。Low-E 玻璃一才約為 NT.600 元起；5mm+5mm 的強化複層玻璃約在 NT.800 元起／才。若較無預算，可改用反射玻璃加上遮光材的使用，也能有效降低費用。

圖片提供 _Studio APL 力口建築

門窗應以空間條件與自身需求來挑選，譬如房子位於巷子內、有陽台作為緩衝，非直接面臨馬路或不是西曬面者，不一定要挑氣密或防曬等級較高的。

02 項目要點 以國產取代進口五金，價格會相對便宜

圖片提供＿鉅程空間設計

隨著物價飆升，建材費用也逐年提高，若裝修預算有限，最快也最直接節省經費的方式，就是替換建材等級。舉例而言，機能相同的五金，會因為產地、品牌的不同而有價位高低之別，以抽屜滑軌為例，一組國產的隱藏式緩衝滑軌約 NT.200 ～ 1000 元、歐洲進口則要價 NT.2000 元以上；而最常使用的鉸鍊，以國產而言約 NT.50 ～ 110 元、進口約 85 ～ 250 元，也有上千元的。目前台灣國產品牌，許多都具有一定的品質水準，不一定比進口的差，不想花太多預算，一般國產五金就能滿足需求。

輔助開拉抽屜的滑軌，按壓開啟的五金若再加上緩衝功能，一般價格都會更貴，選擇品質高的國產品牌取代進口品，則能幫忙節省一些開支預算。

03 項目要點 以規格品取代訂製品，或以數量取勝來降低平均單價

鐵件、五金等，都有規格品可以利用，規格品因透過工廠模組大量生產，成本較為便宜；而非規格品的鐵件或五金，基本上是量身訂製的客製品，特殊性加上小量生產，材料費跟工錢的成本都會比較高。因此挑選規格品而非客製訂作，將可節省不少預算。舉例而言，衛浴地坪上 120 公分的不鏽鋼截水槽，若是規格品一件價格大約 NT.2000 ～ 3000 元，若請鐵工訂製則可能要花費 NT.12000 元。另外，規格品進料時，也可透過「數量」取勝，來降低平均單價，譬如一個空間的五金門把若採取相同款式，一次進料 30 幾支，平均單價上一定會比 2、3 支來得划算。

圖片提供＿鉅程空間設計

作為彈性隔間的鐵件懸吊拉門，材質選用規格尺寸的方管鐵件，門片內部搭配較細的規格方管分割玻璃比例，既能達到設計造型變化，也能有效節省裝修費用。

04 項目要點 更換門窗時選擇合適的施工法

更換門窗的施工方式，可分為需動用泥作的「濕式施工」，或是直接包覆舊框的「乾式施工」（也稱為「套窗」）。由於前者需要先將舊窗框拆除，再安裝新的窗戶，因此需要動用到拆除、泥作、防水、油漆或重貼外牆磁磚等，施工費用與整體工程時間，都會讓費用拉高。反觀乾式施工，不需拆除，而是直接將新窗框套疊在舊窗框上，套窗中央以發泡劑填加來處理隔音，整體施工快速，也不需泥作。雖然乾式施工法相當便利，但套窗後會讓窗戶可視面積變小，不見得每個人都可接受，而且乾式施工需要舊窗本身無漏水問題，才能施作。

圖片提供_今硯室內裝修設計

圖片提供_今硯室內裝修設計

圖片提供_今硯室內裝修設計

左上、右上／濕式施工要動用到許多工種，若只有一面需要更換窗體，則光是工資費用就不便宜；但若同時有較多面窗戶需要更換，施工成本以窗戶數量攤提後，平均單價就會較為划算。

左下／乾式施工會以「套窗」方式將新窗框加在舊門框之上，施工方式對環境影響較小，工時也較快速。

Point 4 評估好工班／好師傅的條件

金屬工程領域分得非常細，不同的工種，會由不同專職的廠商與師傅來施作。譬如玄關門、鐵鋁窗的廠商師傅，跟做夾層樓板結構的廠商師傅，或承接室內鐵件的廠商師傅等，是各自完全不同的一批人，若業主不是找設計師或統包商，則必需一一跟不同對象窗口接洽。雖然分工很細、性質有所差異，但整體而言，鐵件金屬對於尺寸精細度要求較高，若廠商師傅願意事前花時間研究圖面尺寸並多加討論，則未來的施作品質應該也會較好。

項目要點 01

會愛惜並保護自己的建材與產品

金屬建材元件與產品，重量通常較重，有的尺寸也相當大，譬如門片、窗戶或屏風等大件金屬搬運上較不易，另外如光面不鏽鋼板也怕碰凹或磨擦，因此，若在進料時特別留心包裝防撞保護材，會愛惜自家建材產品的廠商師傅，相信對於施工品質也會有一定的自我要求標準。

項目要點 02

提供完整資訊，如品牌、型號、規格、尺寸等

玄關門、對外窗的挑選，因有防盜、防水、安全等考量，盡量選擇信譽良好的品牌或廠商，較能確保品質。或者找在報價時，能提供詳細型號、規格，或出示完整商品測試報告及圖面，甚至提供商品保固等等，如此對消費者會更有保障。

項目要點 03

魔鬼藏在小細節，年資及經驗很重要

關於五金的部分，因每種五金的施工方式不盡相同，影響最後成品的呈現，除了師傅本身的技術之外，還包括他在這方面的經驗與對五金的熟悉度。譬如有裝過緩衝五金的人，可能就知道這種五金剛裝上時會比較緊，要減輕它的負重，在施工時該如何適度調整，全得靠經驗值來判斷。魔鬼藏在小細節，需要資深或安裝經驗較豐富的師傅，才能盡早發現問題並化解。

項目要點 04

訂製造型設計比例多，則識圖能力與溝通很重要

鐵件材質若在訂製施作與安裝時出錯，修改上較不容易，因此對於尺寸上的準確度要求精細、分毫必較。少數的廠商師傅具備繪圖能力，能把業主要的設計以圖面呈現，並客製化訂作；但多數的廠商師傅不繪圖、只負責施作。挑選鐵工廠商師傅時，就算不出圖面，也一定要具備「識圖」能力，並能有良好的溝通，才能避免失誤。

圖片提供 _ 鉅程空間設計

圖片提供 _Studio APL 力口建築

上／金屬材質在現場修改上較不容易，訂製、施作與安裝需要層層把關注意，師傅的年資、細心度與溝通能力，都會與施工品質有著高度正相關。

下／旋轉金屬梯基本上皆為客製化訂做，好的鐵工訂製師傅在設計圖面的溝通、尺寸的確認，都會相當細緻精確。

STEP 6

木作工程

木作工程項目包括天花板、隔間、造型壁面、收納櫃體、地板，甚至是桌椅傢具訂作等，不論是要打造特色空間，抑或是畸零角落的坪效提升，都可藉由木作量身訂做、實踐完成。

也因為木作工程在裝潢中佔的比例較大，因此花費也較高，通常約佔30～40%的裝潢預算。至於費用多寡，則會依據木作類別、工法難度、板材使用的差異，產生不同報價。

項目	單位	數量	單價	金額	備註欄
木作工程					
全室矽酸鈣平頂天花板（含垂直）	坪				日本進口 6mm 矽酸鈣板
玄關木作貼皮格柵鞋櫃	尺				面材另選
雙面輕隔間牆	尺				日本進口 9mm 矽酸鈣板
多功能房木作門斗（噴漆）	尺				
多功能木作貼皮矮櫃	尺				面材另選
多功能木作貼皮臥榻	尺				面材另選
多功能木作貼皮天花板	式				面材另選
2F 地板封 6 分夾板	M2				
木作門斗（噴漆）	尺				
門片（現品）	樘				**依材質有價差**
推開門五金	組				**注意五金要用對**
門片安裝	樘				
小計					
合計					

Point

1. 看懂施工計價方式與工時預估

木作櫃體、貼皮、地板、天花或結構工程等，施工時要依據場域機能用途，選擇合適板材，由木工師傅在現場裁切組裝製做。工程計價多數以「尺」為單位，但也有以「坪」計價（如天花板、地板），特殊造型牆則依尺寸、材質和圖面設計而定，通常以「一式」報價。

2. 費用陷阱停看聽，將隱藏的費用抓出來

木作材料因木材種類、厚度、等級等，價差非常大，就連用來作為骨架的角料，價格也有很多種。估價單資訊愈詳細，愈能判斷報價是否合理，避免施工後產生爭議。

3. 慎選建材設備就省一筆，選用關鍵 & 判斷心法

木工工資一天從 NT.3300 ～ 3600 元不等，愈特殊精細的木作，工程時間會拉得越長、工資便越貴。若希望節省經費，可避開複雜、採用較單純形式，挑選不需再做表面處理或上漆、貼皮的板材，節省工時、降低預算。

4. 評估好工班／好師傅的條件

好的木作工班師傅，除了手法細膩精緻，另外還有一些特質能使工程進行更順暢，譬如會替屋主做進料品質的把關、盡量溝通協調以利其他不同工程的銜接。

Point 1 看懂施工計價方式與工時預估

項目要點 01

木作天花板

運用木作天花，能調整樑柱露出比例，化解大樑結構帶來的視覺壓迫感，同時也可將消防管線、空調設備屏蔽修飾。依形式的不同，分為平頂天花、立體天花、造型天花、流明天花，搭配燈光設計可使美感表現更佳。木作天花的材質包括夾板，以及較不吸水、不易變形的矽酸鈣板。整體價格會隨著材質以及造型變化而不同，但不論挑選何種材料，記得要確認為不含石棉並合乎耐燃標準，才能在掌握費用之餘也能兼顧「住的安全」。

行情價費　用｜約 **NT.4000 ～ 9000** 元／坪

種類	特色	計價方式
平頂天花	是指以木作方式單純的將天花拉平封板，沒有高低起伏或其他多餘的線板裝飾，是最基礎的木作天花樣式，坊間也稱作「平釘天花板」。	約 NT.4000 ～ 5500 元／坪（視選擇的材質而定）。需注意的是天花挖燈具孔需要另外計價，開孔費用大約 NT.250 元／個
立體天花	具高低層次，常見為一字型、L 型或口字型的組成，搭配間接照明效果更佳。	約 NT.5000 ～ 8000 元 ／ 坪（不含做線板的費用）。若要做線板，約 NT.100 ～ 250 元／尺（依樣式而異）
造型天花	指有獨特造型或利用可彎板打造出具曲線的風格天花，形式變化較大。	價格需視設計複雜度與施工難度而定，通常以一式來報價（依面材而異）
流明天花	將燈管藏在透光板材質（如 PS 板、壓克力板等）的照明天花，可使光源效果均勻明亮，也避免眼睛直視燈光。廚房、衛浴或走道等較需照明的空間。	視材質與收邊精緻度而定，約 NT.8000 ～ 10000 元／坪，也有一式上萬

左／常見間接天花形式為一字、L或口字型，並藉由木作將間接燈具與出風口適度隱藏。右／流明天花能提供較佳的照明效果，而且形式、材質、收邊的變化大。

項目要點 02

木作櫃體

木作櫃現在多分為矮櫃、中高櫃與高櫃，除了增加實用收納，還可修飾空間的柱體與畸零區域。首先依照高度歸類，分為矮櫃與高櫃，前者包括電視櫃、鞋櫃，後者則包括電器櫃、衣櫃等；至於造型櫃，則泛指具特別設計形式的櫃體，除了具有收納用途之外，還兼具裝飾性。此外，常與櫃體搭配施作的還包括層板、訂作傢具（如書桌）等。至於施工費用，木作櫃以「尺」為計價單位，價格依選用的門片材質、板材厚度、運用五金的多寡、工法複雜程度等因素而有所不同，若櫃體高度超過240公分，價格也會再往上加。而木作櫃體做完後，裝飾面材通常用貼皮或油漆的方式處理表面，價格也大概有NT.300元／尺的價差。

擁有載重功能的櫃體，需注意接合處的著釘、膠合與鎖合，且確實加強，避免日後櫃體變形。其中書櫃需特別注意層板的載重能力，可將層板厚度增加約2～4公分，並透過設計計畫控制承重與跨距的比例，或以隱藏且美化的五金套件補強，以提升耐重性，延緩層板凹陷的現象。

行情價 費用　約 **NT.4000 ～ 12000** 元／坪

種類	特色	計價方式
矮櫃	高度 120 公分以下以矮櫃計價，電視櫃、鞋櫃、五斗櫃等為常見矮櫃範疇。	約 NT.4000 ～ 7500 元／尺
高櫃	120 ～ 240 公分屬於高櫃計價，書櫃、衣櫃、電器櫃等為常見高櫃範疇。	約 NT.7500 ～ 12000 元／尺 （若櫃體高度超過 240 公分，價格也會再往上加，超過則以材積算另一座）
衣櫃	因衣櫃內的五金較多，故每尺報價會較一般櫃體來得高。	約 NT.9000 元起／尺 （若有特殊五金費用會另計）
造型櫃	具特殊設計形式的櫃體。	通常依設計詳圖報價， 價格至少約 NT.9000 元起／尺

圖片提供 _ 鉅程空間設計

圖片提供 _Studio APL 力口建築

左／在柱體間透過平台腰櫃搭配懸吊格櫃，為空間帶來封閉、穿透的視線變化。右／更衣間常同時包含矮櫃、高櫃、層架等，並可按照收納物品的特性、拿取習慣，選擇有無門片的設計形式

項目要點 03

造型牆

木作造型牆可以玩的設計組合很多，包括創意造型、圓弧、曲面、波浪等，能打破單調刻板，為空間妝點出天馬行空的想像。造型牆運用的元素包括線板、造型飾板、腰帶線板等，圓弧牆面則可利用實木、美耐板、彎曲夾板、金屬板材等作出角度變化。至於整體造型牆費用怎麼計算？很難一概而論，通常以一式報價，而需視設計、材料及工時與施作細緻程度而定。最好的方式是確認立面圖，詳列尺寸與使用建材等，並事先跟設計師討論好，以避免預算超支失控。

行情價 費用

木作造型牆　價格落差大（依不同設計、有無彎曲，以及表面噴漆或貼皮等報價）

造型牆裝飾素面線板　約 **NT.100 ～ 200** 元／尺（有簡單線條也有複雜的歐式雕花，紋理愈複雜價格愈高，依尺寸大小與紋理繁複而異）

圖片提供＿鉅程空間設計

圖片提供＿今硯室內裝修設計

左／運用實木條、以等分處理方式，之後再批土、噴漆，打造出如格柵般的立體凹凸造型牆面。右／透過夾板以不同角度打底，形塑出彎曲面，再搭配貼皮的木紋走向、線板裝飾與上下燈光映照，造型木作壁面創造出股動態的空間流動感。

項目要點 04

木作隔間

木作隔間，可分成「純木作隔間」與「輕隔間」。純木作隔間，指的是中間用柳角材或集成材，再用面板夾板或木心板材來封住；而輕隔間則多半利用角材或輕鋼架作骨架，內封夾板、外層再用矽酸鈣或石膏板等作為表面修飾，有些還會加入隔音棉等吸音材質填充內部，提升隔音效果。吸音板單面和雙面存有價差，而隔音棉、隔音材亦分等級。木作隔間的優點是可做出造型變化，同時也可與門片結合，做成隱藏式門牆的設計。

而木作隔間的承重力，建議不要過度載重，例如三分夾板載重最好不要超過 20 公斤，以免無法負荷，若壁面有較大載重需求（如加裝吊櫃），要注意角材置入的荷重量是否足夠支撐。通常會在角材處打入膨脹螺絲，利用膨脹螺絲的拉力支撐，或是在吊櫃處的內側加上夾板加強，並在下方以三角形的托架固定。

行情價費　用

木作隔間 約 **NT.1800** 元起／尺
矽酸鈣板隔間 約 **NT.2000** 元起／尺
另加吸音墊 約 **NT.100 ～ 150** 元起／尺

輕隔間材質	特色	計價方式
石膏板	具防火、隔音效果，但容易破損，主要用於商業空間，一般住家較少用。	NT.1800 元起／尺
矽酸鈣板	具防火、防水、耐髒等優點，也適合作為建築的內壁、底板、隔間牆等。	NT.2000 元起／尺
化妝板	板材表面經過特殊耐磨、抗菌塗裝處理，100%不含石棉。	NT.2000 元起／尺
吸音板	靜音與美音效果，常用於視聽空間，也有防火耐燃的特性。	NT.2500 元起／尺（價格依各家產品而異）

圖片提供 _Studio APL 力口建築

圖片提供 _ 日作空間設計

左／客廳與書房區以木作結合玻璃，打造出輕盈穿透的隔間效果，並藉由中央的木作區收整隱藏插座、電源開關等電路走線。右／臥房以一座上方透空的白色木作牆體做出半開放的空間區隔，木造隔間並加入床頭照明，提供睡前閱讀的照明機能。

項目要點 05
貼皮

木作形體完成後再以木皮覆貼，就如同是替木作穿上衣服。貼皮的步驟先丈量裁切木皮，並將裁好的木皮貼上，最後再修邊、打磨。如果喜歡自然溫潤質感，可選擇木紋貼皮，創造出木的質感卻不需使用整塊實木，達到環保效果，木貼皮除了木紋本身變化多端的色澤與紋理之外，也可透過不同的拼貼方式，如直橫紋方向性，或 45 度斜向木紋拼貼等搭配，帶來視覺與設計感上的變化；也可挑選耐刮、好清理的美耐板貼皮，方便日後維護，具體選擇需依面材等級而定，再加上貼工費用。

行情價費用｜約 **NT.2500** 元～ **12000** 元／塊
（塊 =120 公分 ×240 公分）

種類	特色	計價方式
美耐板貼皮	耐刮、耐污、好清理，適合用於櫥櫃與台面。美耐板施工簡單，可直接黏貼在木作基材上，省下現場塗漆的費用。選擇有素色單純表面，也有仿皮革或金屬質感，依品質等級不同，價差極大。	約 NT.1500 ～ 9000 元／塊（塊 =120 公分 ×240 公分）
實木貼皮（熱壓板）	以實木刨切成極薄的薄片，約 0.015 ～ 3mm，通常厚度越厚，表面的木紋質感越佳。為了施工上的便利，實木貼皮在工廠製作時會將木薄片黏貼在不織布上再販售。但實木貼皮現在多使用木皮熱壓板（厚木貼皮，約 6mm）取代木工現場手工貼皮，解決因師傅純熟度不同而產生品質不一的情形，也可使工程進度加快。	約 2500 ～ NT.12000 元／塊（塊 =120 公分 ×240 公分）

圖片提供＿鉅程空間設計

圖片提供＿日作空間設計

左／床頭板以多層次手法打造，第一層採單純白色木作牆為底，第二層運用胡桃木貼皮作出立體框形式，第三層則貼美耐板，耐髒、抗磨，提升實用耐久度。並運用溝縫與線條設計，彌補板材尺寸限制，又增加變化。右／木紋貼皮壁面，並透過對花處理方式，能使門片更完美隱藏於牆面之中。

項目要點 06

木地板

若住家全室都鋪設木地板，預算比例約佔總工程款 10%。木地板的施作，計價方式多以「坪」為主，影響報價的因素，主要為地板材質的不同，如超耐磨、海島型或實木地板；其次使用的才數（寬度、厚度）也有影響，基本上板材越寬越長，就會越貴。另外，地板鋪設的工法，如平鋪式、直鋪式與架高式，價格也有所差異。

其中直鋪工法最便宜，而架高鋪設方式最貴，每坪大約會增加 NT.2000 元費用。至於木地板由誰來施工比較好？以工資而言，木地板廠商一坪工錢約莫 NT.1500 元～ 2000 元起、木工師傅一坪工錢則約莫 NT.3300 元～ 3600 元起，因此直鋪或平鋪建議直接由木地板廠商施作即可，但若是架高木地板則由木工師傅施作能更確保品質。

行情價費用　從 **NT.2000～18000** 元起／坪（因選材而異）

種類	特色	計價方式
超耐磨木地板	超耐磨地板是將類似美耐板的板面熱壓於密底板上組合而成，因使用的材料是可回收的木屑，極具環保概念。表面耐磨性高、易清潔，適合有寵物、孩童的住家。另外，還可選擇石塑地板。	NT.2000 ～ 8000 元／坪（平鋪） 架高：多 NT.1500 元／坪 直鋪：少 NT.700 元／坪
海島型木地板	海島型木地板就是夾板上面鋪貼 2mm ～ 3mm 的實木，由於夾板膨脹係數低，是相對耐濕能力較好的木地板材料。缺點是表面並不耐磨，所以若不是非實木面材不可的話，可考慮選用海島型超耐磨地板，能有較優異的防潮、耐磨表現。	NT.5500 ～ 9000 元／坪
實木地板	實木地板觸摸質感佳，比其他木地板來的扎實，又具備獨一無二的木紋紋理。若保養得宜，使用了幾年後的刮痕或損傷，可刨過再上漆面，就又跟新的一樣（一般六公分厚的實木地板約可刨四次左右）。	NT.12000 ～ 18000 元／坪（每塊尺寸愈寬、愈長，則價格愈高）
南方松木地板	戶外最常見的木地板材。南方松要達到抗腐防潮效果，要把藥劑注入木材內，延緩腐壞速度，所以適合使用在戶外地板與庭園傢具，一來耐候性佳，二來防腐藥劑在通風處對人體的危害可較為降低。	NT.9000 元起／坪（連工帶料） 另加 NT.800 ～ 1200 元／坪（底層金屬結構與護木油另計）

海島型架高木地板，以地坪高度劃分出和室空間界線，地板下方設計出四格收納儲物空間，搭配按壓式彈釦五金方便儲取。

項目要點 07

出風口、迴風口、維修口

天花報價中要注意是否包含出風口、迴風口及維修口。有些每坪計價看似較低，但出風口、迴風口、維修口卻另外計價，那就要以整體加總後再通盤考量，費用估算才會準確。一般隱藏式的空調天花必需規劃做出風口，不同形式的出風口，木工做法難易度有差異。直接鎖上螺絲就能固定的出風口較不費工；若是卡榫式的出風口，需要先做隱藏溝槽再以卡榫工法來固定，較為費工複雜，金屬套件另計。

至於維修口的預留，主要因為兩個因素，一個是機器設備維修孔，譬如預留隱藏式空調或投影機的維修開孔，另一種是預留將來水電查線的檢修開孔。開口的大小要足夠讓維修人員方便作業，位置也要先跟廠商與師傅討論確認，避免留錯方向或距離太遠，都會使日後檢修難度倍增。維修口多以一口為計價單位，依尺寸訂製或訂製金屬套件另計。

行情價費　用

線型出風口、迴風口 約 **NT.250 ～ 350** 元／尺

維修口 約 **NT.2500 ～ 6500** 元／口（依尺寸而異）

看似簡單的木作天花，其實包含了燈具開孔、窗簾盒、出風口、隱藏式間接燈等，而這些其實都會影響報價。

Point 2

費用陷阱停看聽，將隱藏的費用抓出來

Q01 明明只是簡單釘了平面的天花板，為什麼費用還是很高呢？

A：**施工程序繁複**。雖然平頂天花不像立體或造型天花那般複雜，但若需要包覆的結構大樑較多，在組構天花骨架時就會較費工，還有天花板挖燈具孔，費用也需要另外計價，每個開孔費用約 NT.250 元／個，若是特殊盒燈則約 NT.300 ～ 400 元／個。如果計劃掛的是比較大型或重量較重的吊燈，基礎角材就要增加補強，更別說其他結合冷氣、投影機、窗簾盒（窗簾盒約 NT.350 ～ 450 元／尺），甚或是預留燈條溝槽等，都需要另作承重設計或溝槽收整等。雖然看似平面，但其實增加不少角料補強的材料費用，以及耗工費時，眉眉角角可不簡單。

Q02 若想以木作輕隔間取代泥作磚牆，費用上會有差異嗎？

A：**泥作磚牆具有堅固、隔音好等優點，但工期較長，價格也相對較高**。磚牆隔間在施工上，需要先砌磚、再抹水泥面粗底與第二道細底，後續還要批土、打磨、油漆，每項作業之間也要等待乾燥，所耗工程期較長，一般磚牆隔間的施工大多需花 3 ～ 4 週，每坪約 NT.7500 ～ 12000 元。而輕隔間，是相較於磚牆來說重量較輕的隔間材質，像是木作或輕鋼架搭配木作，都可稱為木作輕隔間。若是不需特別防水的空間，又希望工期短、價格經濟實惠，可考慮以木作輕隔間替代傳統隔間，因其施作快速，便能從中節省不少工時工資費用，每坪最多可省 NT.3000 ～ 4000 元。至於隔音問題，可透過在木作隔間牆中加入隔音墊等吸音材質，便能有所改善。

若住家發現有白蟻問題，是否就不適合木作的裝潢？

若住家有白蟻問題，還是可用木作規劃室內設計，但前提是一定要先除蟲。一般舊房子除非在木櫃或木傢具中明顯發現蟲蛀圓孔或木粉屑，才能直接斷定有白蟻或蟲蛀問題，不然很多都是等到裝修開始拆除工程時才發現家中竟然存在蟲蟲危機，此時可能就需要多列一筆因除蟲而產生的隱藏費用。除蟲最好還是請專業除蟲公司，在將舊裝潢拆除完畢後，先進行第一道除蟲，並針對牆縫壁縫等清除阻絕蟲路，預防蟲蟻回來；若裝修會用到比較多木料的話，建議在角材板料進入現場後，進行第二道除蟲作業，將空間封閉後噴灑藥劑，讓環境與建材一起除蟲做加強。

專業除蟲多以坪數及次數報價，譬如 20 坪空間約 NT.1 萬元、30 坪空間約 NT.1 萬 2 千元上下，搭配第二道木料除蟲約再加價 NT.6 千元。基本上，大部分專業除蟲公司會提供服務保固，只做一道除蟲可保固一年、兩道除蟲則約保固三年，依現場條件與工序工法而異。

Plus　如何避免天花板產生裂縫

一般天花多用矽酸鈣板為材，矽酸鈣板與水泥壁面、樑體等結合時，因異材質的膨脹係數不同，若結合處未預留伸縮縫，濕度溫度變化過大時就容易產生裂縫；或是天花角料骨架未做確實，也會因地震震動而有裂縫出現。骨架角材等基礎做好，並預留足夠伸縮縫（約 6 ～ 9mm 間距）補土填裝，較能避免天花板產生裂縫問題。

Plus　木地板鋪法

木地板鋪法可分為平鋪式、直鋪式與架高式，依照地面的平整度來選擇鋪設方式。不平整地面以「平鋪式」工法，使用 12mm 厚度打底板襯在下方，再用地板膠黏結企口與板材下方。平整地面則適用「直鋪式」工法，例如拋光石英磚地坪就可以這麼作。而有下藏管線需求或需要增加收納者，則適用「架高式」施工法。

Point 3

慎選建材與設備就省一筆，選用關鍵 & 判斷心法

木作的項目相當廣泛多元，譬如櫃體還會因為高度、使用目的、板材厚度、門片材質等的不同，而影響報價差異。而木作最貴之處在於人工，木工的工資行情一天從 NT.3300 ～ 3600 元不等，越精細、難執行的特殊木作，木工師傅需要在現場施作的時間越長，導致成本提升。若希望節省經費，可避開複雜、彎曲的特殊設計，選擇較基本單純形式，另外也可挑選不需再做表面處理或上漆、貼皮的板材，也可節省工時、降低木作工程預算。

01 項目要點 避免特殊造型的木作或彎曲面

特殊木作能賦予造型變化、強化設計風格，讓人眼睛為之一亮，但其背後也代表著造價成本可能會因此而提高。譬如多層次的造型牆，可能會運用比較多的線板、造型飾板或腰帶線板等，來達到裝飾的豐富度；而圓弧或彎曲牆面，則需要利用可彎板，或透過夾板先釘出彎曲面最後再上面材。同樣面積的平釘木作跟層次豐富的造型牆，不論是用料或工時，後者都耗費更多，若希望將裝修預算壓低，最好避免太多的造型牆或造型櫃，或壓低在一定的比例之內。

02 項目要點 挑選需要較少現場施作的板材或面料，既省時又能降低甲醛量

以往木作最貴的部分往往在師傅的工資，通常木作施工時，多會在現場進行貼皮、噴漆作業，而貼皮在製造過程中使用貼著劑，就可能會揮發甲醛、甲苯等有毒物質，因此在材質的挑選上，可適時選用不需另外再貼皮或上漆的板材，不僅有效節省作業時間，也能降低膠劑使用量。

圖片提供＿鉅程空間設計

貼皮以45度斜角木紋、對向拼貼，豐富了電視主牆的線條。

03 項目要點 利用設計手法，提升建材的利用率

實木板或是特殊板材，通常面積愈大、紋理延續，價格會愈貴。有時為了將紋路對花或銜接，無可避免地會造成建材的切割與浪費。因此在應用上，不一定要使用大面積完整素材，也可透過拼貼或做溝縫，藉由設計手法來彌補材料長度不足、紋理不完整等限制，發揮材料使用極限，不但能做出造型變化，也能降低建材損耗率。當然，這也需要評估所增加的工時成本，並補貼工資。

圖片提供＿鉅程空間設計

主牆的拓彩岩板，一片尺寸為122X61公分，為了不要浪費素材，利用不同大小的切割、拼接，既能在造型上作出律動變化，也可以有效節省損料。

04 項目要點 將不同櫃體整合施做，可發揮綜效

整合性櫃體比分別製做多個單一櫃體，可發揮更多綜效，使平均造價便宜一些。譬如將同一區域相鄰的兩個櫃子，在條件允許下集中施作，相鄰櫃可共用同一塊側板、雙面櫃也可共用一塊「背板」，減少收邊的材料與工時；或是把不同機能整合在一起，譬如屏風結合鞋櫃收納、書桌結合書櫃層架，成為多用途櫃體的延伸項目，上頭可能以金屬或玻璃搭配設計造型，計算上仍是算在木工內。另外，也可運用系統櫃跟木作搭配一起使用，各取所長，總價就能稍微便宜些。

圖片提供＿日作空間設計

圖片提供＿日作空間設計

將 L 型的化妝桌、書桌、收納櫃，以及另一側的床架、床頭櫃，整合在一起，利用櫃體取代書桌椅腳成為支撐力，並在桌子側邊結合燈光，作為夜燈照明。

05
項目要點

歪斜壁面或老屋牆面，透過封板節省施作費用

很多老舊房子牆壁並非絕對的垂直水平，有的上下歪斜甚至落差達 5、6 公分以上，不論是壁面要調整補回校正，或是房屋太過老舊，需重新整理牆面，都會涉及拆除／刨除、水泥整平、粉光以及管線重新配置等問題，工時長且牽動的範圍也較廣，費用自然較高。運用木工封板或局部封板的替代方案，以木作方式用板子將舊牆封住，可省下工時、工資，又能立即做出變化，費用上會比重新砌牆來得便宜。但選用封板來施作，前提必需是房屋體質健康、沒有漏水壁癌等情況。

圖片提供 _Studio APL 力口建築

圖片提供 _ 今硯室內裝修設計

圖片提供 _ 日作空間設計

上／房屋在體質健全、沒有漏水的狀況下，以木工封板方式，也能用少少預算做出設計感十足的裝修變化。
左下／空間右側牆有凹凸不同進退水平，透過封板方式，便能直接調整校正壁面缺點。
右下／架高木地板由木工師傅施作，角料會下得更札實，更能確保品質。

Point 4 評估好工班／好師傅的條件

木工師傅從學徒開始，至少要3年半以上才能出師，其手法與細膩程度因人而異。該如何才能找到優質的木工師傅來執行室內裝修？首先可請認識的親友口碑推薦，找到值得信任的對象；若是完全不認識，也有一些事前的判斷基準可參考，譬如有豐富經驗且會依自己過去經歷提出專業建議者；在進料時，能替屋主做好品質把關的；或是洽談時容易溝通，並有協調能力，才能使不同工種之間銜接更順暢。

項目要點 01

透過口碑介紹時，最好能前往實地欣賞成品

許多人在找木工師傅時，是透過親朋好友介紹，若是這種透過口碑介紹的管道，最好的判斷方式是親自前往實地，觀察已完工的木作成品。近距離欣賞可以看出木工技術的表現、收邊的完整與精細度，以及木工是否有掌握「垂直、水平和直角」等原則，作品的好壞將一覽無遺。

項目要點 02

識圖能力佳、容易溝通

木作施工的圖面越詳細、完整，越能精準執行，也比較不容易產生爭議。木工師傅施工時必需參考設計圖，因此師傅要有一定的「識圖」能力，而且懂得溝通，遇到問題或需要修改時，才能在過程中盡速處理。另外，木工需要與其他工程銜接配合，因此協調能力也很重要，才不會因訊息傳遞或誤解而延誤了整個工程進度。

項目要點 03

報價明細羅列清楚，進料時協助確認建材品項

板材因品牌、等級、產地，會有價格與品質上的差異，因此木工在報價時，最好能詳細註明使用的材料以及施作方法。另外，因為木作在封板或貼皮後，便很難確認底材的材質及厚度，因此若能在進料時，協助屋主確認建材的品項、尺寸、厚度，以確保使用建材品質，會更令人信任與安心。

項目要點 04

與設計師或統包商長期合作的工班

裝修設計的工程，若是委託設計師或統包商來施作，那麼找來的木作工班，最好是他們長期穩定合作的師傅，一來會有長時間合作培養出來的默契，在溝通上比較不會產生誤解或代溝；二來設計師或統包商可針對屋主重視的角度，挑選有該強項且合適的木作工班，更能掌握完工品質。

圖片提供 _ Studio APL 力口建築

圖片提供 _ Studio APL 力口建築

木作工程佔空間中的裝潢比重較大，慎選心思細、手藝佳的木作師傅，絕對能為裝修成品大加分。

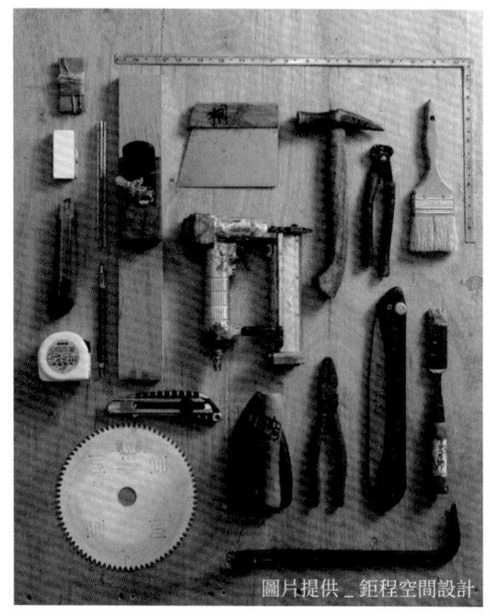
圖片提供 _ 鉅程空間設計

有些木工師傅從傢具木作學徒開始學習，有些擅長精品豪宅、有些則是主攻樣品屋或公共空間，每位師傅擅長手法與細膩程度不同，端視預算與需求來挑選。

STEP 7

系統櫃工程

系統櫃的優勢在於施工快速，材質較為健康環保，
品牌系統櫃較與非品牌系統櫃廠商的價差，
主要會來自店面、管銷及廣告成本的差異，
產品品質只要注意板材的品牌與產地，
其實不會有太大的差異。系統櫃的估價看似複雜，
事實上能分為櫃體、門片、收納配件、其他五金配件，
每個部分價格主要來自尺寸、材質或產地而有不同，
了解這些就能掌握系統櫃估價單。

項目	單位	數量	單價	金額	備註欄
系統櫃工程					
TV 櫃	座				門板統一附緩衝
玄關櫃	座				
主臥衣櫃	座				衣櫃皆為空櫃；風格門片費用另計
玄關櫃	座				
浴櫃（發泡板）	座				
琴邊櫃	座				
臥榻	座				
主臥床頭櫃	座				
主臥床邊櫃	座				注意以高度區分價格帶
主臥衣櫃	座				
主臥書桌，吊櫃	座				
次臥床頭櫃	座				
次臥衣櫃	座				
次臥書桌	座				
小計					
合計					

Point

1. 看懂施工計價方式與工時預估

系統櫃的基礎服務包含設計繪圖（雖然精細程度不一）及運送組裝，在估價單裡這些都包含在內，因此幾乎都是以施工品項為單位計價，最簡單的就是某個尺寸的衣櫃、電視櫃或玄關櫃各多少錢，其中包括零件五金。

2. 費用陷阱停看聽，將隱藏的費用抓出來

來關注的點在於可能沒有列出來的地方，例如板材的產地、五金的品牌；系統櫃價格優勢來自制式化生產，因此任何訂製需求，都會是影響價格的因素。

3. 慎選建材與設備就省一筆，選用關鍵 & 判斷心法

系統櫃包含板材、五金配件。板材以尺寸計算看似價格沒什麼彈性，事實上聰明的設計可以省不必要的材料；了解五金配件品牌的優缺點，決定選用時機也是省錢的要訣。

4. 評估好工班／好師傅的條件

不論透過設計師或自己發包，系統櫃的訂購至到府組裝的過程通常都是一條龍服務，最起碼包含裁切封板的系統櫃工廠和組裝工班，如何選擇好的承作團隊，最好的方式其實是「眼見為憑」。

Point 1 看懂施工計價方式與工時預估

項目要點 01

系統櫃門片—對開門

系統櫃門基本上有兩種主要款式，一是結構較單純的對開門，另一種是又稱為滑門的推拉門。對開門雖然就是門片加上鉸鍊，優點是結構簡單、價格較便宜，可同時打開，櫃內一目瞭然；缺點是需要開門空間，也不能用太大的門。在門片設計上，要注意寬盡量不超過 50 公分，否則就要使用較特殊的鉸鍊才有辦法承擔門片重量，使用起來也不舒適。鉸鍊的品質決定使用壽命，但因為結構簡單，相對來說更換維修也較容易。

提供 _ 朵卡設計

圖片提供 _ 朵卡設計

圖片提供 _ 樂沐制作

上／對開門結構簡單，價格相對較低，不表示質感打折。

下／門片設計用一點巧思，不用複雜裝飾也可以提升視覺效果。

項目要點 02

系統櫃櫃體

系統櫃體原則上是以高度區分價格帶，雖然任何寬度皆可，但大多以尺（約 30 公分）為單位計價，此為基礎材料成本部分。但櫃體皆是由頂底板、左右側板、背板、五金等組成，加上為了結構承重需求，不能省太多板料，加上有固定的施作成本，因此在櫃體上價格無法壓低太多。即使如此，設計上還是有些方式可以減少不必要的材料，例如如果電梯樓梯空間允許，高櫃盡量採用一體成型的板子，避免用兩個矮櫃疊成；不一定採用背板，也是省卻材料、增加視覺變化的設計。

行情價費用　約 **NT.4500 ～ 9000** 元／尺不等

種類	特色	計價方式
矮櫃	高度 90 ～ 100 公分、深 35 ～ 40 公分。	約 NT.4500 ／尺
高櫃	高度 240 公分以內，超出此高度或許需要接板，價格另計。	約 NT.5500 ～ 7000 元／尺
電視櫃	高度 45 公分以下，差異在於電視有走電源、網路、影音線材的需求，時常與不同高度櫃體組合。	約 NT.4000 元／尺
衣櫃	報價大多是空櫃不含收納五金，注意估價單說明。	約 NT.7000 元／尺

圖片提供 _ 朵卡設計

圖片提供 _ 樂沐制作

左／高櫃櫃體單價低，以滿足收納需求來說 CP 值最高。右／不規則的層板配置，是讓系統櫃輕鬆跳脫呆板印象

項目要點 03

系統櫃門片—推拉門

推拉門或是滑門，是狹小空間中門片款式的常見選擇。門前不需要開門空間，但無法一次打開每扇門，規劃上需要注意，櫃體桶身需要多 10 ～ 12 公分，足以容納最少兩片門片滑軌的深度；雖然滑門的門片大小較不受限制，但太大的門片可能需要加金屬框以防板材變形；由於滑門所需的五金零件比起開門鉸鍊複雜，因此價格較高，也容易耗損，挑選時除了考量品質，是否有保固、易於維修也是重點。

行情價 費　用	約 **NT.500 ～ 1200** 元／才

圖片提供_樂沐制作

臥房內櫥櫃配置推拉門，使用時不影響動線。

項目要點 04

系統傢具廠商配合流程

系統櫃最大優點就是乾淨快速，從接洽到到府組裝可能只要兩週，現在施工很可能一天就完成了。廠商在丈量後，會先依據業主初步的需求繪製圖樣，再根據圖樣進行細部討論，到達決定樣式色彩，五金種類的階段，可能花的時間較長；與木作最大的差異點，在於系統櫃真正裁切製作的階段，其實是在工廠內，在工程案場僅有組裝及收邊，就算在收邊過程中，可能有需要裁切踢腳板等需求，造成的粉塵量還是比傳統木作少得多。

系統櫃品牌繁多，價格可說是由大品牌至系統櫃工廠直營遞減。大品牌有店面通路、管銷、廣告等工廠不一定有的花費，而為了維護品牌的口碑，相對來說在施工細節品質管理較為穩定，這些也是隱形成本；系統櫃工廠就較難要求到這點。另外需要注意的是板材的產地，板材本身是由歐洲原裝進口、台灣加工，還是東南亞或大陸製，都會影響價差，廠商不一定會全採用聲稱的歐洲板材，選購時務必要求廠商出示「板材出廠證明」、「進口報單」等文件，才能保障消費權益。

步驟	施作內容	施作天數
丈量	現場丈量所有尺寸。	1 天
規劃設計 & 討論需求	規劃設計所需的櫃體、門板樣式和五金配置。	依個案不同約 1 ～ 3 天
繪製製造圖	將設計圖轉換為製造圖，包括板材切割、孔位等詳細圖面。	依個案不同約 3 ～ 5 天
工廠備料	將板材尺寸輸入 CNC 設備，並且裁切、鑽孔、封邊。	約 7 ～ 10 天
運送	將加工好的板材、五金運送至現場。	1 天
組裝、收邊	現場組裝收邊。	依據施作量，約 1 ～ 2 天

項目要點 05

系統櫃收納配件

常見的系統櫃的收納配件，最常見的包括抽屜、金屬拉籃、吊衣桿，用於衣櫃裡的最多。以抽屜價格最高，有多種材質形式，除了完全用板材製作的，也有常用在廚房及衛浴的金屬製鋁抽等，更有用玻璃等不同材質做成的配件抽屜；而金屬拉籃則是替代傳統抽屜的選擇，價格相對較實惠；吊衣桿除了傳統固定式，也有升降式，或是褲架、配件架等不同吊掛裝置，功能越複雜，價格自然越高，在預算有限的狀況下是否有必要用到特殊功能，得用心斟酌。

行情價費用 約 **NT.1800 ～ 3500** 元／組

種類	特色	計價方式
木抽屜	最大建議寬 100 公分、高度 32 公分，太寬除了會很重以外，抽屜過深不方便使用。	約 NT.3500 元／組
拉籃	潮濕區域，金屬容易壞蝕時就需要選用不鏽鋼為佳。	約 NT.1800 元／組（鐵鍍鉻） 約 NT.2800 元／組（不鏽鋼）
前緣外掛五金	屬於滑門五金之一，使門片可以掛在櫃外的，櫃內不需留軌道門片的空間。基本設置為上下兩軌，超過 200 公分的門片最好在腰帶加裝至三軌，以保持穩定與安全。	鋁條軌道 約 NT.3500 元（300 公分） 前緣外掛五金約 NT.2500 元／組 （其他相關五金見金屬工程 p93）

圖片提供＿朵卡設計

圖片提供＿樂沐制作

左／固定式吊衣桿和金屬拉籃是實惠的衣櫃收納搭配。
右／特殊五金常用在廚房等需要收納且空間不大的區域。

圖片提供＿樂沐制作

圖片提供＿朵卡設計

上／更衣間事實上即是開放式衣櫃，少不了收納配件的運用

下／門後方貼全身鏡取代旋轉旋身鏡，較便宜也不占櫃內空間。

Point 2

費用陷阱停看聽，將隱藏的費用抓出來

Q01 想設計落地鞋櫃，大概要花多少錢？

A:

一般等級的板材含國產五金配件的價格約 NT.5500 ～ NT.7500 元／尺左右，一座高 240 公分，寬將近 200 公分的玄關櫃都是 3 萬 8 千元以上。目前一般住家較少純只作鞋櫃，而是將收納功能整合為玄關櫃，包含鞋櫃、衣櫃、包包配件等綜合收納功能，事實上，因為系統櫃畢竟仍屬訂製性質，材質優良的系統櫃並不比較便宜，有時直接購買現成傢具進行搭配，一樣沒有甲醛問題，類似尺寸可能還較為便宜，但系統櫃的好處在於可依空間量身訂製，可以避免浪費空間，也能按照個人需求規劃隔板配件，是現成傢具所無法比擬。

Q02 做系統櫃的估價能一同算在木作工程內，還是要另計？

系統櫃與木作工程的工班、廠商完全不同，施工方式也不同，因此都是分開計算。現在一般常見的裝潢現場，系統櫃通常只包含櫥櫃，以及部分如書桌、茶几等傢具，也就是傳統的木作工程「天、地、壁、櫃」的櫃的部分，是由系統櫃取代;其餘的工程，包括天花板、門扇、壁板等，還是木工才有能力施作。此外，雖然商業模式類似，也有許多零件及材料重疊，但由於在規劃及施工上會牽涉到水電設備，廚具及衛浴，通常是與系統櫃不同的廠商，有些廠商也會兼作但材料的選擇可能較少。若自己發包，一定要先問清楚廠商有能力承包施作的範圍。

Plus 主動向廠商索取保固書

系統廠商保固 5 年～ 10 年不等，應向廠商索取保固書。雖然舊系統櫃可以拆卸、運送、到新家重新組裝甚至修改至符合新家的需求，但預算起碼約是原有造價三成。其中也包含工錢、替換破損板材、更換踢腳板、小範圍維修、 設計費用等，是否沿用都需要仔細評估。

使用系統櫃一定會比木作來得便宜嗎？怎麼計價算合理？

不一定，如果五金使用的等級相似，則要視櫃體複雜程度而決定。系統櫃是用大部分的製作工序標準化、機械化來壓低成本，也因此，如果訂製特殊造型，例如斜面、斜邊、曲線等，都會大幅提高價格；事實上只要不是高價木材、造型過於複雜、垂直水平的木作，因手工較為簡單，且沒有曲線與特殊造型，其實報價並不會太高，有時反而會低於系統櫃。

	系統傢具	木作傢具
基本材質	進口塑合板（防潮耐火低甲醛無公害）	木心板或實木
表面處理	歐洲原廠處理（耐磨耐刮耐高溫易清理）	噴漆處理或貼美耐板或塑膠板（顏色多元化）
五金配件	原廠進口五金（價格較貴且功能性強，使用期限長，但要注意維修年限是否還有零件可更新）	國產五金（價格較便宜，零件取得更換容易，但使用期限不長）
品質	工廠量產，品質穩定	木工師傅視現場施作，看個人技術而定
空間規劃	配合空間量身訂作，但形式變化不大，且有 240 公分的限制	完全依據空間施作，變化多且彈性大，形式多元化
施工期	工廠生產 5 ～ 7 天	現場施作 2 ～ 3 天（依現場空間施作量排定工期表）
計價方法（以衣櫃為例）	NT.7000 ～ 9000 元／尺	NT.8000 ～ 11000 元／尺（不含油漆）

Point 3 慎選建材與設備就省一筆，選用關鍵 & 判斷心法

系統櫃因為工期短、施工現場粉塵少，不會影響牆面和地板，因此就算入住之後再施工也並非不行。在預算不足，或需求不明的情況下（例如新婚夫妻尚未規劃是否要有小孩），建議可以不用一次到位，系統櫃能分次訂製施工，也不會立即將空間都塞滿櫃子，卻不一定好用；如果需求變動後，也能做些小修改，例如開放櫃加門片，都是系統櫃所能擁有的彈性。

01 項目要點 門片價格多樣，少用特殊材質省差價

原則上，門片及櫃體是同一種材料，若是希望採用與板材不同面材的門片，例如極簡現代風追求的鏡面，鄉村風的飾條，就得另外採購門片。特殊門片非由一般的系統櫃的廠商製造，而是專業的門片製造商，再供貨給系統櫃廠商，因此價格較固定。不同門片材質和加工方式讓門片價格多樣，價差可由素色的美耐皿一才約 NT.500 元，到霧面質感的陶瓷烤漆一才約 NT.900 元，若是想省錢，建議減少訂製門片和選用特殊材質。

圖片提供＿樂沐制作

玻璃材質門片防塵又看得到櫃內物品，但價格就相對會較高。

02 項目要點　簡單設計，聰明節省板材

原則上系統櫃以板材使用量計價，200 公分高的櫃子，直接用 200 公分的板材製作，由於裁切的次數及封邊面積都較少，會比用兩個高 100 公分的櫃子接起來便宜，因此盡量選擇一體成型的板子構成櫃體；另外也要注意系統櫃雖然能訂製任何尺寸，但其板材大多是用尺或才（約 30 公分）計價，不滿 30 公分依舊會以 30 公分計，其他就是損耗，因此還是將尺寸訂在剛好的才數，避免浪費。

圖片提供 _ 樂沐制作

簡單的櫃體變化就可以改善系統櫃無趣的印象。

03 項目要點　慎用特殊五金，簡單開關使用也順手

看居家裝修節目時，很難不被升降吊衣桿、下拉儲藏櫃，或輕輕一拉就出現的隱藏收納空間所吸引，這些都是依賴特殊五金發揮功能，所達成的便利效果，每個五金都是小機械裝置，看起來越厲害的，通常構造複雜且造價也高。五金其實是消耗品，裝設在常需要開關、以及承擔櫃體或收納物的重量，使用特殊五金，即使是較為耐用的歐日品牌，依舊難免損壞，因為複雜還更容易壞也更難修，選用前要想清楚

圖片提供 _ 朵卡設計

門片較櫃體稍長，可有效減少五金使用又維持視覺上簡潔。

Point 4 評估好工班／好師傅的條件

系統櫃依據其產品與服務的流程，主要參與的工班能分為兩部分：一是在工廠內負責裁切、打洞和封邊；另一批則是到府組裝。因此在挑選廠商上，理論上應該將做工與組裝施工品質都一併考量，但事實上卻不是那麼容易。一般來說，連鎖品牌有其商譽及口碑需要維持，但價格相對比較不親民，想要物美價廉，就得自己貨比三家，多跑幾趟。

項目要點 01

板材到工廠展示空間看

不是只有做品牌的系統櫃廠商會佈置展示空間，越來越多系統櫃包商、工廠都會設有展示空間，讓消費者有機會檢視產品品質，例如板材封邊、組裝品質等，有些工廠甚至願意讓客人到廠房參觀；如果有機會實地去了解系統櫃的製作過程，確定其材料來源，對於價格差異更有概念。

圖片提供＿朵卡設計

圖片提供＿朵卡設計

到系統櫃工廠走一趟，可以了解板材的加工過程及環境。

項目要點 02

大品牌組裝較有品質，且做好監工

雖然板材零件的品質能在展示空間或工廠內檢視，組裝就很難用同樣的方式評斷。一般系統櫃廠商的組裝團隊可能有好幾組，內部人員的流動也較高，可能根本不是廠商內部，而是合作的協力工班，因此施工品質較難要求，此時大品牌會有較高的優勢，除了可能有自有組裝團隊，也有較固定的施工標準，並且做好監工，並且於驗收時留意細節，比較能夠確保最後組裝成品的品質。

項目要點 03

嚴格驗收及完整保固、售後服務

事先評估好工班難，事後驗收就不能馬虎。運送過程中有所碰撞，造成封邊會破損，些微的損壞可進行修補，若太嚴重就應更換新板，五金外觀有瑕疵損傷也要更換；櫃子與壁面結合處矽利康平整度、櫃體門縫應保留一致；工廠留下的殘膠或手痕抹布擦不掉，記得請師傅幫忙清理。當然在簽約前，要確認廠商提供完整保固及售後服務，為後續可能的維護做準備。

圖片提供＿知域設計

圖片提供＿樂沐制作

左／優良的系統櫃組裝工班可遇不可求，嚴格監工才有保障。右／監工時注意櫃體門縫和門片高度要一致是最起碼的要求。

STEP 8

廚具工程

關於廚具工程，其無論檯面、門板、五金選擇多，價差也會因此而生，所以需求品牌型號更要寫清楚。廚房工程強烈建議要有圖面，因為會牽涉到水電、排油煙機等的佈線，有圖面各工班才有依據，況且電位容易移，但水位、泥作重作又傷財，廚房設備的事前規劃，注意安裝位置是否安全、且動線上是否符合使用者需求，廚櫃下櫃施工時要注意排水管線、瓦斯管線的出口，吊櫃則是要注意承重力，另外也要確認檯面組裝好的密合性。

項目		數量	單位	金額	備註欄
廚具工程					
廚具	不鏽鋼台面桶身	5 面結晶鋼烤門板	公分		嵌鋁手把
廚具	雙白金木蕊板吊櫃	5 面結晶鋼烤門板	公分		嵌鋁手把
五金	Bluma 門板鉸鏈		組		
	電器活抽盤		件		
	歐式多功能水槽	外徑 8 公分	件		
	Blum 鋁抽	玻璃側櫃	件		
	不鏽鋼側拉籃		件		
	木抽		件		
其他	台製拐杖兩用龍頭		件		
三機	櫻花深罩式除油排風煙機	R-3680SXL	件		注意依自烹飪習慣挑選
	林內蓮花檯面爐	RB-27F	件		
小計					
合計					

Point

1. 看懂施工計價方式與工時預估

施工計價主要牽涉到對廚房的整體規劃，建議從複雜的水電配管問題、格局到烹調使用層面，都要一併想清楚，就能讓廚房裝修煥然一新。

2. 費用陷阱停看聽，將隱藏的費用抓出來

與廠商或工班取得估價單時，切記要確認檯面、櫃體和水槽的尺寸是否正確，且三機的配件否標示，更要附上單價，否則很容易在變更項目時被胡亂添加費用。

3. 慎選建材與設備就省一筆，選用關鍵 & 判斷心法

一套廚具的設備包含櫃體、五金、檯面和三機設備，且品牌十分眾多，最重要的是比價的基礎要一致，如果條件、價位差異不大，再來就是比服務和設計。

4. 評估好工班／好師傅的條件

除了因應電器設備做好配電規劃，廚具和安裝過程都能用來判斷工班是否專業，下櫃施工、瓦斯管線出口、和櫃體的承重力皆要問清楚。

Point 1 看懂施工計價方式與工時預估

項目要點 01

櫃體＋門片

廚具工程中的櫃體價格會佔比約70%，通常將櫃體費用 ÷ 櫃體長度，就能換算出每公分的單價知道是否合理；櫃體的價格另外來自挑選的門板樣式，並根據櫃體種類不同有些微價差。廚櫃可依照收納區域劃分為「底櫃、上櫃、高櫃」，目前「底櫃」常見除了水槽下以對開門片設計，其餘大量運用抽屜收納，但要注意軌道的承重與品質，「上櫃」則是不同以往做滿吊櫃，會局部以搭配開放層板增添生活品味，而「高櫃」的種類更加多元，建議依照居家的空間尺度和需求，合理運用高櫃配置。施工上，無論是上櫃或是底櫃，在安裝、監工時都要注意櫃體水平和進出深度是否一致，才不會有歪斜的情況發生。

行情價費用（依櫃體高度、門板樣式，而有不同價格帶）

材質	特色	挑選／保養	計價方式
美耐板	耐磨防潮的板材，可塑性高且易維護。板材表面呈現上，無論是顏色、凹凸面，甚至天然材質紋理變化都可栩栩如生，讓櫥櫃門板有更多設計的自由度。	表面分為光滑面／壓花面，光滑面易清理，但容易刮傷，壓花面則不易刮傷但易卡垢，選購時可依需求來考量。平常用棉布清水擦拭即可，如果有油汙也可以沾少許中性清潔劑。	約 NT.65～75／公分（上櫃） 約 NT.75～85 元／公分（底櫃） 約 NT.210 元／公分（高櫃）
結晶鋼烤	將壓克力色板面材膠合黏貼於基材上，而基材多為木心板、纖維板或塑合板，並將門板的表面作四至六面的無縫封邊處理，因此具有抗潮性。表面光滑平整，色彩豐富且明亮。	可作四面、五面或六面的同色無接縫封邊處理，五面封邊價格會較六面略低一些，不同品牌也會影響價格。平常用棉布清水擦拭即可，如果有油汙也可以沾少許中性清潔劑。	約 NT.90～100 元／公分（上櫃） 約 NT.100～110 元／公分（底櫃） 約 NT.235 元／公分（高櫃）

材質	特色	挑選／保養	計價方式
陶瓷鋼烤	也稱霧面烤漆，因表面作消光處理，呈現如沙粒般的立體觸感與質樸純色。陶瓷烤漆門板因經過六面全包覆式多層次噴塗，使漆料完全包覆基板，基材不會與空氣接觸、不吸濕，確保門板不易龜裂、脫漆、變形，即使廚房高溫、油膩環境也能勝任。	適合於鄉村、新古典的內斂風格。保養時以棉布沾中性清潔劑擦拭再以清水、棉布擦乾，不可用香蕉水或汽油等高揮發性溶劑或強酸鹼液體擦拭。	約 NT.120～130 元／公分（上櫃） 約 NT.130～140 元／公分（底櫃） 約 NT.265 元／公分（高櫃）
鋼琴烤漆	底材為密集板／MDF，噴漆高亮如鋼琴表面烤漆。此類門片擁有完整塗層的烤漆，於折角處沒有封邊界線，整體風格較為一致。而其優點為顏色飽和、質感透亮和反射面光澤明亮。	分為五面烤或六面烤，根據不同的廠商會有不同的做法產生價差。一般門板皆以中性清潔劑擦拭為主，鋼琴烤漆則需要使用壁麗珠（軟性清潔劑）來清潔保養。	約 NT.110～120 元／公分（上櫃） 約 NT.120～130 元／公分（底櫃） 約 NT.245 元／公分（高櫃）
實木／實木貼皮門片	取材自原木或實木集成材製成的門片均可稱為實木門片，表面噴上平光或亮光漆，質感厚實溫潤，其木紋更是渾然天成，而且能透過染色處理呈現獨一無二的樣貌。	無論是實木或實木貼皮的門板均有直紋與橫紋的方向性區別，做空間配置或者廚具的對花時要特別注意。實木門板具有毛細孔，易吸附油煙，不防水，因台灣屬潮濕的氣候，所以要注意保持乾燥。	約 NT.90～100 元／公分（上櫃） 約 NT.100～110 元／公分（底櫃） 約 NT.235 元／公分（高櫃）

多樣化的門片造型，包含多種材質與紋理，巧用得當就能讓櫥櫃成為視覺焦點。

項目要點 02

廚具檯面

廚具檯面主要為備料、切菜、雜務，能不能抗汙好清理是材質挑選的重點。依照檯面和水槽材質，前置的施工方法略有不同。「不鏽鋼、石英石、人造石」檯面的施工較為複雜，需在工廠施作，使檯面和水槽先行相接，在現場進行檯面的組裝即可，而「不鏽鋼」檯面無法現場焊接，會有尺寸和搬運上的問題，因此多是做成一字型，且水槽與檯面是在工廠焊接完成類一體成型的設計。「美耐板」檯面則是裁切出所需的水槽尺寸和龍頭孔洞等後，與牆面四周再以矽利康收邊即可。

行情價費用　（依石頭種類、產地與品牌而有不同價格帶）

材質	特色	挑選／保養	計價方式
人造石	成分為石粉、樹酯以及人造石粒混製而成，由於質地看起來類似天然石材，且花色豐富、顏色變化也多，加上表面沒有毛細孔，容易清潔，且顏色富變化、花樣多，能配合設計作出美觀的無接縫處理，讓廚房更有設計感，為目前市場主流。	檯面厚度和強度有直接關係，因此選購時一定要詢問厚度，毛坯板材厚度需達國家標準 12.7mm，成品應達到 12mm 厚，但低價檯面通常只有 8 ～ 10mm 厚。人造石檯面上如果打翻醬油等深色液體，應立即擦拭，避免造成吃色的情形。	約 NT.70 ～ 120 元／公分（視產地而定）

材質	特色	挑選／保養	計價方式
不鏽鋼	由表層厚約 0.6 ～ 1.2mm 不鏽鋼板與木心板內套組成，高價產品也有厚達 2.0mm 的不鏽鋼表層，碰撞較不易出現凹痕，切菜時也有吸音效果。其耐酸鹼、耐熱度高、不怕潮、又好清理，相當適合廚房環境，所以是專業廚房檯面材質的首選。	檯面與食材接觸機會多，為家人健康，建議選用 304 食品級不鏽鋼材較佳，而厚度最好也以 0.9mm 以上。因不鏽鋼表面較易留下刮痕，清潔時應避免使用菜瓜布或較粗硬的材質，可採用棉布擦拭。	約 NT.90 ～ 120 元／公分
石英石	由石粉高溫高壓製作而成，材質堅硬，表面耐磨，其熔點達 1600 度 C 以上的耐熱。沒有毛細孔的特殊性，汙漬相對也不容易滲入，另外還可以製作成多種表面處理，比如說波紋面、皮紋面及燒陶面。	市面充斥著各品牌，留意各項認證是否有 NSF51(美國國家衛生基金會認證）或者硬度測試報告與吸水率報告是否為 0.03%。日常維護用清水擦拭即可。	約 NT.120 ～ 250 元／公分（以檯面 60 公分深度為例，而材質要視產地而定）
花崗石	屬於天然石材，花紋變化豐富且每一片均不相同，紋理質感佳也耐高溫。由於價值不斐，購買時要特別注意來源地與生產過程，避免受騙。	天然石具有毛細孔的關係，且有熱脹冷縮的特性，容易吸附水氣和油汙。另外如檯面有 L 型或造型需求時接縫處會有明顯接痕。	約 NT.120 元起／公分（視石材種類而定）

材質	特色	挑選／保養	計價方式
賽麗石	以高達 93% 的天然石英 (SiO2) 為主要成份及加上其他成份如飽和樹脂、礦物顏料、複合劑、添加劑等混合而成。有高耐熱、耐汙、抗刮特性，另外還可以製作成多種表面處理，解決傳統天然花崗岩所衍生的滲色問題，使賽麗石比其他裝修面材應用在廚房及衛浴上更勝一籌。	每件賽麗石產品背部均印有 SILESTONE MADEIN SPAIN 標誌以諮識別。購買時要認明標誌，以防買到劣質仿冒品。其容易清潔、持久抗菌，日常維護用清水和肥皂擦洗即可。	約 NT.120 ～ 250 元起／公分
美耐板	由內襯的木芯板或塑合板作為基材，在表層覆蓋美耐皿層所組成。不論在顏色、材質或紋，都能提供多樣的款式選擇，尤其仿實木的觸感相似度高，許多高級傢具在環保訴求下，也逐漸以美耐板來展現不同的風格。	相較於其它石材或不鏽鋼，較不適合於潮濕的室內使用，選購前要特別想清楚。設計檯面時可安裝防潮擋板於洗碗機方、檯面下方，加強防潮效果。清潔上只需使用濕布或者溫和性質的清潔劑。	約 NT. 15 ～ 30 元起／公分 （價格會依封邊、美耐板本深厚、薄及廠牌等因素而有影響）

圖片提供 _ 特力屋

轉角檯面在設計上，要預留 60 ～ 80 公分的轉角，使其備料區、洗滌區和烹調區呈現三角型，以符合三角黃金動線的原則。

項目要點 03

水槽

依檯面材質施工安裝會分兩種形式，上嵌式和下嵌式。「上嵌式」是以美耐板檯面為主，鋪設好美耐板檯面後，再裝置水槽，故水槽會在檯面上方，稱為上嵌。「平接和下嵌式」則是在工廠施作，將石英石、人造石檯面切割留出水槽的位置後，翻至反面，將水槽倒扣下壓，與石英石或人造石檯面密合，再以螺絲鎖緊，故水槽會在檯面下方，稱為下嵌。下嵌式的水槽與檯面一體成型，較不容易產生縫隙。安裝完水槽後再進行排水管的接合，要注意給排水是否順暢或有漏水問題。

選擇材質除了耐用、好清潔與否，尺寸也要注意，如果炒菜鍋具偏向中式，建議挑選 60 公分左右的水槽尺寸，另外，雙槽雖然能將有無油汙做分類，但反而削減大槽的空間，不好清洗中式炒鍋。

行情價費用 價格落差大（依材質、尺寸與品牌而有不同價格帶）

材質	特色	挑選／保養	計價方式
不鏽鋼	耐洗又耐高溫，且不易老化和腐蝕、是目前市場上最廣泛被選用的水槽材質，安裝容易，加上尺寸、造型、質感的選擇性多，成為各種風格的百搭選擇。	除了考量使用習慣，決定單雙槽、大小尺寸外，厚薄建議 0.8mm ～ 1.0mm 為宜，配件部分要檢查是否與水槽能緊密結合。清潔上以海綿沾施後加入中性清潔劑橫向均勻的擦拭水槽表面，再以清水沖洗和用乾的軟布將表面擦乾。	約 NT.2000 ～ 5000 元起／個（根據尺寸而異） 約 NT.10000~20000 元／個（日本進口靜音水槽）
花崗岩	取花崗岩中最堅硬的高純度石英材料混合食品級樹脂，經高溫壓鑄而成，其高硬度特質能抵抗撞擊、切割、尖銳物刮磨等破壞。此外具有耐高溫、抗菌性、抗腐蝕性、耐酸鹼、防染色等優異效能，吸水率及吸油率極低，中西式烹飪方式的廚房均合適。	花崗岩水槽標榜硬度僅次於鑽石，即使刀叉直接刮劃也不會留痕跡，但價位不低，建議購買時要選擇有原廠保證書的大品牌為佳。	約 NT.5000 ～數萬元起／個（根據品牌而異）

材質	特色	挑選／保養	計價方式
人造石	有豐富多樣的顏色可以挑選，也有類似天然石材的質感，讓風格品味出眾有溫度，尤其若檯面也是人造石就可整合為一體成型的無接縫處理，避免細菌在隙縫孳生。	人造石的毛細孔明顯，要及時清理以免留下污垢，且因材質偏軟不耐高溫，應避免直接倒入滾燙的熱水。另外人造石品牌越來越多，建議以市面上較大品牌為首選。	約 NT.6000 元起／個（根據品牌而異）

圖片提供＿特力屋

圖片提供＿特力屋

左／廚具、料理台和水槽配置於同側，流暢的動線規劃，能確保烹調使用時不打結。右／花崗岩水槽因同時具備人造石的多樣花色外，以及有不鏽鋼水槽的抗高溫及耐磨特性，讓廚房更加時尚有型。

圖片提供＿特力屋

圖片提供＿特力屋

特殊收納設計，可以有效運用畸零空間；廚具業者推出的轉角收納和側拉籃設計，可以有效解決常常被忽略的狹小空間，提升更多收納機能。

項目要點 04

收納配件

廚具的收納泛指廚具上下櫃的廚櫃空間，一般家庭最常見的規劃包括上櫃的廚物空間、底櫃的抽屜、側拉籃和轉角櫃，而抽屜的選擇主要會依據鍋具的種類與尺寸做搭配，轉角櫃則是使用於 L 型或 ㄇ 字型廚房。

行情價費用 約 NT. 數千～上萬元不等（視國產與進口品牌而定）

材質	特色	挑選／保養	計價方式
抽屜	最重要的是具備緩衝的滑軌，隱藏式鋁抽又分低抽、中抽、高抽，藉由增加桿子創造出不同的使用空間。一般抽屜的前抽板會搭配門板材質，包含玻璃側板、塑鋼側板，玻璃側板在打開後可以感受內部的空間性，而塑鋼側板則能遮擋抽屜內部物件的凌亂感。	日系品牌講究分區收納概念，德國品牌特色則是具備器具的收納配件，甚至透過橫向分隔板上下移動進行收納空間調整。	約數千～上萬元不等／個（視國產與進口品牌而定）
轉角櫃	種類包含層板櫃與各式轉角小物怪、轉盤，能增加轉角處的收納空間，雖然一般常用於底櫃，但高櫃若遇到轉角也可以使用。	在選擇轉角五金時，會受限於空間，建議和專業廚具廠商溝通討論。	轉盤約 NT.3500 ～ 4500 元／組 小怪獸約 NT.7000 ～ 8000 元左右／組 大怪獸約 NT.20000 元以上／組（視國產與進口品牌而定）
側拉籃	根據內部分層設計，可收納各式調味料，有的還可放置砧板，而且僅需 20 公分的寬度，對廚房空間來說能減少檯面的凌亂感。通常放在爐台邊為了烹調時能就近順手取用。	國產品牌一般是 15 公分、20 公分、30 公分等，進口品牌區分為 15 公分以及 30 公分兩種。側拉籃的材質有不鏽鋼鍍鉻跟黑鐵鍍鉻，黑鐵鍍鉻比較便宜，不鏽鋼費用較高，但建議選擇不鏽鋼材。	約 NT.1500 元起／組（視國產與進口品牌而定）

項目要點 05

廚房設備

瓦斯爐從安裝方式可分為最早期的台爐、過渡款式的嵌入爐，到現在常見的檯面爐、不見火的 IH 感應爐與電陶爐等。安裝上，「嵌入式檯爐和檯面爐」是與流理檯面相嵌，差別在於嵌入式檯爐的開關在前側，有一定的高度，因此檯面下方需留出約 16 公分的深度；檯面爐的開關是位於面板處，下方就多出可作為抽屜的空間。安裝嵌入式檯爐和檯面爐時，裝設處需事先開出和爐台同大的開孔，而後直接嵌入，並依照各家廠牌的不同，有些會再附上螺絲鎖件固定。而開孔尺寸的部分，各家廠商的尺寸也不盡相同，會於包裝內附上模板，依模板繪製即可。另外要注意的是，若為「不見火的 IH 爐與電陶爐」則需事先設計專電，以避免跳電問題。

抽油煙機以造型來說有所謂的斜背式、深罩式，偏向歐風設計的倒 T 型、漏斗型，以及隱藏式等。抽油煙機首重的就是吸風力，是守護健康的第一道防線。安裝上要注意離瓦斯爐高 65 ～ 70 公分，為最合宜、吸煙效果最佳的高度。另外排風管的長度、管徑的大小和折管的數量，都會影響到排風量的大小，排風管越長，排風量會逐漸降低，因此排風管不宜拉太長及彎折過多，管線的距離在 5 米以內為佳，且風管也最好不要穿樑。

行情價費用　價格落差大（依設備機種、尺寸與品牌而有不同價格帶）

種類	挑選／規劃注意	計價方式
瓦斯爐	(1) 檯面爐點火開關設置於爐具面板上，調整火力時無需彎腰，使用上較為便利。檯面爐多為 80 公分、90 公分，規格較為統一，不同品牌替換時較不會出現尺寸誤差。 (2) 嵌入爐要注意尺寸，因為需在爐具上挖洞嵌入，開關位於設備側邊，優點為檯面縫隙小易清潔。 (3) IH 智慧感應爐亦稱高功率電磁爐，導熱效能為爐具中最好（可達到 80%），搭配平底、可導磁的金屬鍋，就能輕鬆進行料理工作且烹煮後清潔方便，建築法規規定，除非有防火隔間區隔，50 公尺以上建築不得使用燃器設備，避免救災困難，讓 IH 爐成為高樓最佳選擇。 (4) 電陶爐使用電圈加熱表面玻璃面板達到發熱效果，導熱效率較 IH 爐低、高於瓦斯爐，可使用任何材質的平底鍋具。若想使用紅銅鍋具、砂鍋等鍋具烹調，又只能裝設電熱型爐具，電陶爐便是最佳選擇。	檯面爐約 NT.7000 元起／台 嵌入式瓦斯爐約 NT.5000 元起／台 智慧感應爐約 NT.10000 元起／台 電陶爐約 NT.9000 元起／台 （根據尺寸、品牌、款式而有落差，建議售價含基本安裝費，耗材與運送費用可能需要另外計算。）

<table>
<tr><td>排油煙機</td><td>（1）「斜背式與深罩式」多為國產的傳統中式機種，具備 23 公分～ 30 公分的集煙深度，雖體積龐大外型不討喜，但價格便宜且集煙效果好，適合喜歡大火快炒的中式料理族群。
（2）「歐化式可分為倒 T 型與漏斗型」，是目前廚房常見款式，且視覺上簡潔美觀。尺寸分為 90 公分、100 公分、120 公分為主，在不考量馬達種類前提下，漏斗型是歐化抽油煙機中吸力較佳的款式。
（3）「半隱式油煙機」是指機體藏於廚櫃、操控面板外露可直接操控的款式；「全隱藏式」則是完全看不到機體的類型。隱藏式抽油煙機可完美融入空間設計當中，讓整體風格更加一致。但受限於櫃體深度，有集煙區過小問題。
（4）「中島式抽油煙機」則是配合中島廚房設計而生的產品，有圓形、方型、一字型等造型可選擇，尺寸、種類變化多。但由於裝設位置關係與造型，雖然擁有高科技可強化吸力，但因氣流擾動、集煙問題，仍有油煙散溢疑慮，適合喜歡簡單料理的人。</td><td>斜背式、深罩式
約 NT.6500 元起 ／台
歐化式約 NT.12000 元起／台
全隱、半隱式
約 NT.7000 元起／台
中島式約 NT.21000 元起／台
（視國內、進口品牌與馬達種類、附加科技功能有所落差。）</td></tr>
<tr><td>洗碗機</td><td>（1）獨立式分為 45 ～ 60 公分，可依照家中人口、洗滌習慣與現有空間大小挑選，保有隨意移動、不動廚櫃的自由彈性。
（2）嵌入式分為全嵌式或半嵌式，前者是完全藏於廚櫃門板中，外觀不會看到操作面板；後者是目前常見款式，門板能與廚櫃配合融合成一體，僅露出操作介面。容量通常分 6 ～ 12 人份，如果想把鍋子、烤盤、抽油煙機濾網一起放進去洗，那就得考慮大尺寸會較符合需求。</td><td>獨立式約 NT.36000 元起／台
嵌入式約 NT.26000 元起／台
（根據尺寸、品牌、款式而有落差，建議售價含基本安裝費，耗材與運送費用可能需要另外計算。）</td></tr>
</table>

Point 2

費用陷阱停看聽，將隱藏的費用抓出來

Q01 開放式廚房如何隔絕油煙？費用約多少？

A：**可選擇用玻璃拉門或折門，一扇約 NT.10000 元起**。為了讓空間更大，現在的廚房設計大多採開放式。為了隔絕廚房油煙，又沒有傳統隔間牆與門片搭配，可以選擇用玻璃拉門或折門，讓空間穿透與採光更好。一般鋁質的拉折門或滑軌門，費用一扇 NT.10000 元以上（3 尺 × 7 尺）起，門片能設計夾紗或夾木皮剪影等。但如果是木作拉門，費用就會依材質與設計不同而有所差異。

Q02 在廚房增加中島設計，要花很多錢嗎？

除了櫃體之外還要計算水槽、龍頭及管線配置的問題。在空間夠大的廚房，設計一個中島，不僅可以當作備餐檯，有時甚至可以當成餐桌來使用。中島的設計會牽涉到櫃體、收納五金檯面設計。如果要裝設水槽與龍頭，還會牽涉到管線遷移等費用。而美耐板檯面價格約 NT.15 ～ 30 元起／公分；人造石為 NT.70 ～ 120 元起／公分；不鏽鋼約 NT.90 ～ 120 元／公分。收納底櫃造價約從 NT.1000 元起，若用系統櫃設計，國產約 NT.2000 元～ 3000 元／尺、進口板材約 NT.2500 ～ 5000 元／尺。

Q03 在廚房增設吧檯，費用大概要抓多少？

增設 1 ～ 2 坪的吧檯，大概 NT.20000 元左右可以完成。吧檯可以當成廚房備餐桌、早餐區、或是家人緊密互動的地方，而吧檯的製作會因材質選用的方式而有不小的價差，是找木工師父訂製造型吧檯因屬造型木作，價格通常是 NT.6000 元／尺起跳，若檯面還需要增加天然石、人造石、不鏽鋼板等材質，價格也會再提高。

Q04 廚房配置常見包含一字型、L 型及中島廚房，適合坪數與花費大概要怎麼抓？

A: **廚房動線規劃優良，除了讓烹調作業更加順手流暢外，也是設計廚房的重要關鍵**。動線原則主要著重於「空氣對流及充足採光」，傳統封閉型廚房中建議同時配置兩側窗口或於適當處安置風扇、若為開放式廚房，建議將爐台設備至於空間末端，有效調整對流、「秉持黃金三角動線原則，烹調更順手」，掌握「備料、洗滌、烹調」區所構成的三角動線，能縮短走動、拿取食品的時間、「依照需求量身打造，強調符合人體工學」，一般而言工作檯面建議 80 公分左右、高度則介於 85 ～ 90 公分之間；另外建議上櫃不要高於 200 公分。

種類	考量重點	計價方式
一字型廚房	優點是節省空間，料理動線單純、不需移動過多的位置，很適合 3 坪以下的廚房。檯面建議至少規劃到 300 公分左右、但也不宜超過 360 公分，冰箱開門方向要考慮動線，如果水槽在冰箱的左側，建議冰箱可選擇右開門的款式。	適合 2 坪以下的獨立空間，約 NT.10 ～ 12 萬元，包含可用進口五金、人造石檯面
L 型廚房	L 型廚房的洗滌區、烹飪區各據一個檯面，形成便於烹飪的三角形動線，提供 2 人一起分工料理的空間。轉角檯面是最需要注意的畸零空間，除了可以善用五金、搭配轉角保有收納空間外，預留 60～80 公分的轉角，才能同時容納 2 人使用。	適合 2 坪以上的獨立空間，約 NT.15 ～ 18 萬，會增加一個電器櫃設備，如果不是選太高級的，在這個預算之下也能包含設備
中島型廚房	想要中島結合料理空間，至少要在 5 坪以上，以方便進行廚房規劃。同時應需要安裝感應爐及洗碗機，務必要預留管線及插座使用。另外中島高度應設計在 85 ～ 90 公分之間，較符合人體工學。	多半為一字型 + 中島區，整體造價可能會到約 NT.20 萬元左右

圖片提供 _ 知域設計

地磚的變化能讓廚房空間再添巧思，更改動線的工程，通常會牽扯到水電調整，需要進行拆除工作，因此原地面與壁面都要重新鋪設，這時不妨可從地磚材質著手，替廚房注入些許風格味道。

Point 3

慎選建材與設備就省一筆，選用關鍵 & 判斷心法

廚房與衛浴工程相同，大動變更向來會牽涉到管線位移、泥作和設備的更換費用。一般建議如果「局部更換」，在不改格局動線的情況下，將設備門片把手、壁磚進行簡單換新，就能重新塑造全新風格；另外則是不改格局的「動線調整」，直接全套換新廚具，並且不大動水槽位置，也能有效率的快速換新。

01 項目要點 門板選美耐板，檯面用人造石或不鏽鋼材質組合

一般廚房設備的費用多半包含廚具、櫃體和檯面。以櫃體而言，價格取決於挑選的門板材質，美耐板製作速度最快且貼皮最便宜，實木門板最貴。檯面則是有人造石、石英石、不鏽鋼等的差別，人造石相對經濟最實惠。另外整體若想降低預算，建議配置一字型的廚房，上櫃局部搭配層板收納，藉此減少檯面面積和櫃體數量，

除了廚房用品好拿取外，另外省略上櫃的空間，視覺上也會更有延伸開闊的效果，並降低多餘的費用。

圖片提供＿特力屋

選擇開放式層板，能讓空間保持俐落線條，放置調味料瓶罐或馬克杯等，而不同材質的顏色又可組合多變造型，兼具了視覺美觀和方便取用兩大需求。

02 項目要點 嵌入式電器設備價位較高，可依預算選非嵌入式

廚房設備除了瓦斯爐、排油煙機、洗碗機之外，複合機能烤箱是科技主流，可從預算、料理習慣、喜歡的菜品下手，挑出最適合自己的烤箱種類。但如果受限於預算，烤箱或蒸烤爐能考慮搭配非嵌入式，整體來說能稍微減少一些費用也不失煮食的樂趣。

種類	挑選／規劃注意	計價方式
內嵌式烤箱	嵌入式具備單一烘烤功能，有 3D ～ 4D 旋風循環能讓烤箱熱度平均，容量通常是各類烤箱中最大，歐規烤箱大於 60 公升，是想烤全雞的最佳使用設備。嵌入式烤箱耗電量大，通常使用 220V 電源，最好在規劃廚房時預留專電專插，保障日用多台電器同時使用的安全性。	內嵌式烤箱約 NT.18000 元起／台（視品牌、機種等級有所落差）
蒸烤爐	蒸烤爐是目前最熱門款式，具備蒸、烤、烘培等功能。有分層料理、自動烹煮程式等設計，操作便利，提高家電使用頻率。注意裝設時要預留後方約 10 公分散熱排氣空間，不能直接觸碰相鄰區域。	蒸烤爐約 NT.10000 元起／台（視品牌、機種等級有所落差）
微波蒸烤箱	微波蒸烤箱利用微波的快速加熱、解凍優勢，結合蒸、烤機能，能效率做出各式不同餐點。且三合一機種省下不少廚房空間。要注意也預留後方散熱空間。	微波蒸烤箱約 NT.46000 元起／台（視品牌、機種等級有所落差）
爐連烤	爐連烤由嵌入式瓦斯爐結合下方烤箱的烹調設備，可同時利用相鄰瓦斯管線與抽油煙機。歐美爐連烤配置可烤全雞的大烤箱；日系爐連烤下方則為烤魚、牛排扁長型烤箱。建議依照使用習慣挑選。	爐連烤約 NT.40000 元起／台（視品牌、機種等級有所落差）

03 項目要點 壁面烤漆玻璃來取代廚房老舊磁磚

面對中古屋廚房大部分是用磁磚鋪陳，若改由烤漆玻璃附蓋上去，一來可以省去拆除磁磚的費用，二來除非是用特殊玻璃，不然一般玻璃建材費用是比磁磚便宜的，施工上的費用也比較低。因為玻璃主要是以矽利康作為接著的材料，通常貼於櫥櫃及上櫃之間，在黏貼的油漆牆面或磁磚牆面上，漆面無斑駁脫落的情況下是不會脫落的，只要確認好壁面尺寸，其安裝方便又兼具耐磨、耐高溫和易清潔的特性，適合有快速裝修需求的人。

廚房壁面施工法	烤漆玻璃	30X30 公分磁磚
拆除費	沒有	有
材料	NT.190 ～ 220 元／才	NT.300 ～ 500 元／片
施工費	以矽利康作為接著的材料	泥作、乾式施工、填補劑
施工期	1天	約2～3天

圖片提供 _ 大湖森林室內設計

廚房壁面可用烤漆玻璃來取代廚房老舊磁磚，省去拆除及泥作費用及工時。

04 項目要點 選擇系統櫥櫃，安裝快速機能再提升

若想在短期內完成廚房翻新，推薦選擇系統櫥櫃，因其將門板、櫃體及五金分別製作、再行組裝。相較於訂製櫥櫃，製成更短，並且還能依據廚房實際空間丈量，擁有多種選擇並能自由變化，讓美觀與實用兼具，可視為快速方便的選擇。

圖片提供 _ 朵卡設計

選擇耐看又整潔的系統櫃，透過合宜配置，更能妥善運用廚房空間。

Point 4 評估好工班／好師傅的條件

廚具工程找誰最快？一般來說，廚具業者多半有免費丈量及繪圖的服務，能提供專業建議並且搭配信賴的工班施工。如是翻新廚房修改動線格局的話，洽詢廚具業者會是最快選擇，原因是施工流程中包含水電、泥作等不同工種的作業，將工程交由廚具業者統包，能有效節省施工時間和確保施工品質；如果是改造廚房成為開放空間，則建議向室內裝修有經驗的設計師諮詢，再交由廚具業者統包，也是快速的方式。完成後的監工要點要注意漏水、縫隙問題。

項目要點 01

測試水槽排水功能是否順暢

水槽安裝好後要測試排水功能是否順暢，可利用灌水確認排水速度，並且檢查水槽側邊的防水橡膠墊、止水收邊等處有無確實施作，利用水的重量將水槽往下壓，這個動作也能幫助水槽與檯面的接合更為緊密。

項目要點 02

檢視排煙管設計

舊屋翻新會遇到廚房格局變更，導致要更改排油煙機的位置，此時要注意風管的長度不可超過 5 米，如果超過的話，則需要安裝中繼馬達，才能維持排風效果，不過要提醒的是，變頻式排油煙機無法安裝中繼馬達，要改用定頻式。而材質上，如果風管路徑較長，則建議改用 PVC 材質，因為鋁管一旦拉長就會有下垂的問題，最終造成油汙堆積。

項目要點 03

爐具安裝完後先試燒

瓦斯爐安裝完畢應要試燒，調整空氣量使火焰穩定為青藍色。事後則不定期檢查爐火是否燃燒完全，若發現黃色火焰過多，則要請專業人士檢查調整。

STEP 9

衛浴工程

衛浴是每天清潔身體的空間，承接大量的水量和濕氣，因此居家最易產生發霉的地方往往都是衛浴或周邊區域，所以在工程施工、材質選擇上，最要注意的是防水與耐潮，且保持通風排掉濕氣。所需的一般設備包含馬桶、面盆、水龍頭、浴鏡及五金配備、淋浴拉門與抽風機等，在國產、進口品牌價差也大，建議在裝修需求討論時，要清楚溝通報價所含的細部項目。

項目	單位	數量	單價	金額	備註欄
衛浴工程					
打除清運（三樓）	間				
防水工程	間				
泥作修補	間				
衛浴壁磚工程／壁磚 30*60 地磚 20*20 防滑磚	間				磁磚尺寸有價差
衛浴地磚工程 / 地磚 30*30 防滑磚	間				
衛浴雕花塑鋼門	間				連工帶料
衛浴五件套	套				馬桶、面盆、沐浴龍頭、鏡子、毛巾
排風乾燥設備	組				出風口、止風板位置要確定
小計					
合計					

Point

1. 看懂施工計價方式與工時預估

中古翻修時，如果是以中價位品牌的的衛浴設備來算，一間衛浴的採購價格約需 NT.120000 ~ 150000 元；而新成屋一般會保留建商附贈的衛浴設備，花費的占比也相對較低，通常衛浴工程占比最大的會是設備部分。

2. 費用陷阱停看聽，將隱藏的費用抓出來

設備上的國產、進口品牌價差大，所以在與設計師、工班或廠商討論時，要溝通清楚報價內所含的細節價格。

3. 慎選建材與設備就省一筆，選用關鍵 & 判斷心法

衛浴設備建議能親自至門市看過一輪後再決定採用的款式，並且仔細檢查比對產品型號、尺寸是否正確。而選擇售後服務好的廠商為佳，造型設計反而是其次。

4. 評估好工班／好師傅的條件

泥作工程與衛浴工程息息相關，接工時一定要特別留意。尤其在衛浴防水部分，除了洩水坡度、防水塗料外，在角落的地方也要預防未來表面磁磚裂開的漏水問題，以及衛浴和房間地板的止水條設計。

Point 1　看懂施工計價方式與工時預估

項目要點 01

面盆

面盆依據「施工安裝」方式的不同，概分為「壁掛式安裝」和「檯面式安裝」設計。前者依照臉盆的安裝孔打入壁虎（膨脹螺絲），需露出約 7 公分於牆外用來固定面盆，對準壁虎的位置後安裝面盆，運用水平尺調整水平後，鎖緊螺絲即完成安裝；壁掛式面盆最重要的就是吊掛是否穩當，除了要確實打入壁虎之外，牆面本身的結構性也相當重要。後者的檯面於安裝前已挖孔，在固定面盆前，要先在檯面上試擺，並以量尺確認安裝位置，確認後標記位置，依照標記的位置，將面盆放在檯面上固定，並在檯面及臉盆的接合處塗上矽利康，最後清除多餘的矽利康，即完成安裝。

而因面盆有不同規格，面盆的排水系統會有所差異，當家中排水管口徑與面盆的交接處發生無法相容時，這時會尋求「P 管」來解決，注意若沒做適當的處理，洗手檯日後可能會成為衛浴裡的漏水角落。

一般最常用的材質為「陶瓷」，不易變形變色，價格相較便宜，若在表面再上一層奈米級的釉料，能使表面不易沾汙而且好清理；而除了瓷器、玻璃、金屬等材質外，近年亦有「人造石」一體成型的臉盆，人造石可塑性較高，通常左右寬度可以調整。

行情價費用　約 **NT.6500 ～**數萬元（視產地、材質、品牌而定）

種類	特色
浴櫃式面盆	為目前最多人選用的臉盆樣式，擁有多種設計樣式，挑選要注意現場空間大小，再挑選尺寸合適的浴櫃與臉盆。建議安裝於乾濕分離的乾燥空間，避免浴櫃受潮。
檯面式面盆	可分為檯上盆和半嵌盆兩種類型。獨立式的檯上盆，直接放置在檯面上，安裝方式簡單且造型選擇多樣化；而半嵌盆則是盆體的一部分嵌入檯面，另一部分懸空外露，所需的檯面面積較小，不會占用太多空間。

種類	特色
落地型面盆	多用於酒吧、民宿、餐廳等營業空間；將產品搬運至現場銜接進、排水管，並在底部打上矽利康固定即可。整個瓷器一體成形直接燒製完成，所以單價比一般面盆高，清潔保養也較為方便。
下嵌式面盆	由於將臉盆嵌在檯面底下、檯面上的空間會比較大。通常瓷器臉盆的尺寸是固定的，需搭配客製化檯面一起施工，將檯面依照臉盆規格挖空後，再將臉盆置入、固定。

圖片提供＿好時代衛浴

上／採壁掛式陶瓷面盆，浴櫃則選用為美耐皮，兩者搭配呈現出現代化質感

下／使用人造石訂製的檯面盆，其表面光滑且無毛孔不易吃色，有防污耐髒易清潔的效果，如遇給水與排水管距離有差距時，能依照現場的水電位置做內部小改管解決

圖片提供＿好時代衛浴

項目要點 02

馬桶

馬桶設計概分為「落地式」和「壁掛式」，目前以「落地式」最廣泛，馬桶與水箱為一體成型的設計；而「壁掛式」將水箱隱藏於壁內，外觀只看到馬桶，安裝時利用鋼鐵與嵌入牆面的水箱連結，優點是節省空間，但因為其組件分離，安裝手續複雜且要事先規劃，費用自然較高。至於智能馬桶、加裝免治馬桶蓋，由於兩者都能提供「3 通」服務，包括基本的馬桶功能、水洗淨的免治功能及溫座功能，要做配電設計，一般新建築在衛浴規劃時大都有提供插座配置，若是老房的衛浴改裝，宜先檢視馬桶區是否有配電。

早期大都採用混合水泥砂漿後接合污水管與固定馬桶的「濕式施工法」，一旦遇到需要做檢測時，就得將馬桶整個敲除，造成馬桶損壞破裂。因此衍伸出鎖螺絲的「乾式施工」概念，當馬桶或管線塞住時，割開馬桶與地面交接的矽利康填縫就能進行維修，一來延長產品的使用期限，避免無謂浪費，二來施工更便捷，適合用在乾、濕分離的衛浴設施。不論是乾式或濕式施工，安裝時皆需以馬桶中心線為基準，馬桶與側牆之間預留 70 ～ 80 公分以上的寬度，使用時才不會覺得有壓迫，迴身空間也比較舒適。

行情價 費用

壁掛式馬桶 約 **NT.16000 ～**數萬元（視品牌而定）
落地式馬桶 約 **NT.5000 ～**數萬元（視品牌而定）
安裝費用 約 **NT.1500 ～ 2500** 元（落地式馬桶）
約 **NT.2500 ～ 3500** 元（壁掛式馬桶）

圖片提供 _ 好時代衛浴

圖片提供 _ 好時代衛浴

左／落地式馬桶由於水箱與主體直接一起燒製完成，在外觀上一體成形、沒有接合處，相對容易清洗。
右／壁掛式則是將水箱隱藏於壁內，安裝手續相較於複雜些。

項目要點 03

龍頭五金

「面用龍頭」依材質能分為銅、不鏽鋼等材質，表層處理有電鍍、拋光、烤漆等，每種材質、表層處理的特性不同，相對價格也不盡相同；挑選龍頭時，要先確認住家的龍頭出水孔為單孔、雙孔或三孔，才不會選到不合用的水龍頭。而「沐用龍頭」，以功能分類可分為一般型和控溫型，控溫沐浴龍頭組具有可調節、設定溫度的功能，能依照需求選擇是否需要固定式頂噴龍頭（或手持淋浴花灑），也或搭配蓮蓬頭升降桿可調整高度、移動出水角度。沐用龍頭在材質上則分塑膠鍍鉻、黃銅鍍鉻兩種，後者較為耐用且質感佳。

另外衛浴中的配件也相當多，從鏡子、牙刷杯、肥皂臺、毛巾桿、浴巾架、捲筒紙架、衣鉤等皆屬之，就材質上來看，從最普通的塑膠到金屬、玻璃皆有。一般來說，「銅鍍鉻」的五金配件要比「不鏽鋼鍍烙」的產品價格更高一點，除此之外，銅鍍鉻的產品較不鏽鋼鍍鉻的產品更為耐用，光潔度也較高，從使用年限和外觀上來看，銅鍍鉻產品較不鏽鋼鍍鉻表現更為優異，且有可塑性。

行情價費用

淋用龍頭（龍頭／花灑） 約 **NT.4000 ～**數萬元
（根據作工品質、國產、進口品牌而定）

面用龍頭 約 **NT.2000 ～**數萬元（根據國產、進口品牌而定）
Ps. 兩者安裝費約 **NT.1000 ～ 2000** 元

置物籃、毛巾架 約 **NT.1000 ～**數千元
（根據國產、進口品牌而定）Ps. 安裝費約 **NT.300** 元上下

圖片提供 _ 好時代衛浴

適度採用有質感的龍頭五金配件，會讓衛浴空間呈現出質感風格。

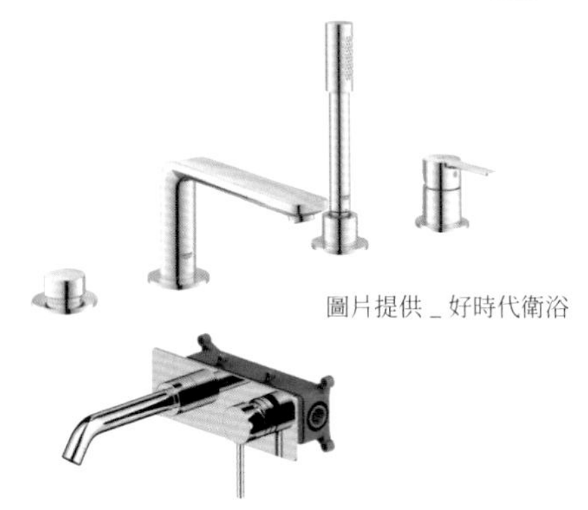
圖片提供 _ 好時代衛浴

上／浴用四件式龍頭。下／埋壁式面用龍頭，所使用的材質皆為耐脫鋅黃銅，增加水龍頭的使用壽命及減少重金屬對人體的危害。

項目要點 04

浴缸

浴缸價位從幾千元到高價的數萬元皆有。以材質來區分，大致有「壓克力／FRP 玻璃纖維」、「鑄鐵」、「鋼板琺瑯」、「人造石」等類型。

壓克力與 FRP 玻璃纖維浴缸為市面上最常被選購的浴缸材質，壓克力的保溫效果佳，但表面容易刮傷、而 FRP 玻璃纖維浴缸安裝搬運方便，但容易破裂，在使用上要多加小心；另外鑄鐵浴缸的保溫效果最佳，使用年限相當長，在表面會鍍上一層厚實的琺瑯瓷釉，但價格高昂，體積笨重不易搬運；鋼板琺瑯浴缸主要是在一體成型的鋼板外層上琺瑯，色澤美觀，表面光滑易整理。

挑選時可注意以下幾點（1）「試坐浴缸邊緣感受穩固度」，感受浴缸是否穩固，會傾斜或翹起來表示穩固性可能有問題（2）「注意材質滑順度與接合度」，用手觸摸缸體是否滑順，再來摸一下接合處會不會粗粗的或有銳利感。

行情價費用

壓克力 &FRP 玻璃纖維 約 **NT.7000** ～數萬元
（根據國產、進口品牌而定）

鑄鐵浴缸 約 **NT.40000 ～ 100000** 元
（根據國產、進口品牌而定）

鋼板琺瑯 約 **NT.20000 ～**數萬元
（根據國產、進口品牌而定）

種類	特色
獨立型浴缸	施工較為簡便快速、可移動性高，無需另外砌磚，只需符合管線位置進行排水軟管安裝，因應不同獨立型浴缸設計，可營造獨特的沐浴氛圍。
內嵌式（砌牆）式浴缸	因應現場狀況施工，砌牆、砌磚將浴缸固定於牆面，可與現場牆面固定，固定後無法移動。砌牆式浴缸有左、右排水之分，訂貨時要先確認後告知廠商。
按摩浴缸	結構含有氣動開關、旋轉式落水口組，以及噴頭組等，新式噴頭之配管方式採用微笑區線配法，管內不積水可減少細菌滋生。大部分的按摩浴缸都可調整噴嘴方向，方便消費者使用。

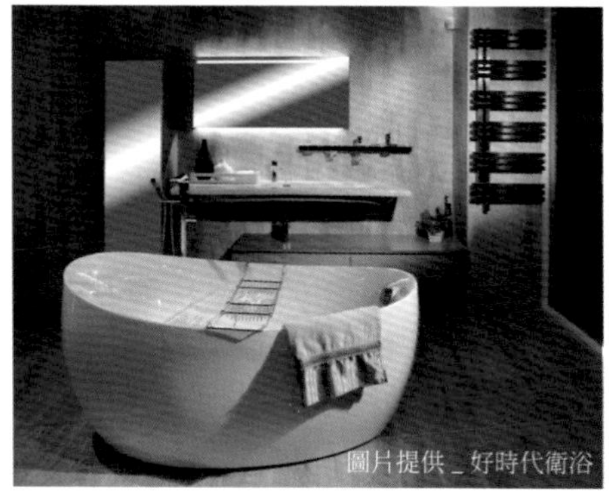
圖片提供＿好時代衛浴

圖片提供＿好時代衛浴

左／獨立式浴缸通常為壓克力或鑄鐵等較高價的材料，所需空間較大，但施工單純。
右／一般家庭最常用內嵌式浴缸，但在施工上對於工班抓水平、施作防水的能力要求較高。

項目要點 05

排風乾燥設備

衛浴坪數在 1 ～ 2 坪左右，建議使用 110V、熱功能率 1150W 左右的暖風乾燥機。至於大坪數衛浴則建議使用 220V、2200W 左右的高熱能功率暖風機，但不論坪數大小為何，暖風機務必應採取獨立電源使用才安全。另外施工要注意機體距離地面至少要有 1.8 公尺以上，與天花板之間因為還需要加裝排氣孔，所以天花板和樓板之間的高度不能小於 30 公分，機體裝設位置的天花板結構也需增加強度，確保能安裝牢固。且要避免裝設在淋浴或浴缸處上方，除了造成機器受潮外、另個原因則是會造成身體不適（當人身上潮濕時，感受到的會是冷風）。

但如果沒辦法更改電線的話，那就可以採用排風扇，根據衛浴坪數選擇排風量，再來注意馬達的品質至少要具備低於 40 的噪音值。而排風扇出風口要設有逆止閥門設計，保證空氣流向只出不進，才能確保排氣效能，而且當風扇靜止時，也能防止蚊蟲、異味從管道間而來。

行情價費　用

排風扇 約 **NT.1000 ～ 2500** 元（視品牌而定）
多功能換氣暖風乾燥機 約 **NT.8000 ～ 25000** 元
（根據國產、進口品牌而定）

選擇高靜壓馬達、安靜無聲的排風扇，讓衛浴保有 24 小時乾爽。

圖片提供＿好時代衛浴

Point 2

費用陷阱停看聽，將隱藏的費用抓出來

想把洗手檯移到衛浴外面，這樣要花多少錢？

恐怕至少要花到 NT.50000 ～ 60000 元左右。當家裡衛浴空間不夠使用時，可以考慮將洗手檯單獨移出，這樣不僅能讓衛浴變大，當家中人數較多時，使用起來也會更方便。而這樣的局部修改，主要牽涉到管線遷移的費用，管線移位、重配的費用大約是 NT.4000 ～ 6000 元／組。

設備上，如果選用一般面盆，依產地與品牌不同，價格約在 NT.6500 ～數萬元。另外一般衛浴廠商提供的落地櫃，依材質與配備的不同，費用約在 NT.8000 元～ 20000 元間。若選用收納式面盆，費用會約 NT.10000 ～ 90000 元不等。

如果衛浴想乾濕分離，大概要花多少錢？

視施作方法不同，幾千元至上萬元都有。如果坪數不夠，且空間設有門檻能防止水外流問題，這時可將淋浴區地板增高，利用浴簾區隔即可，避免隔間費用產生，而單浴簾費用大約落在 NT.1000 ～ 2000 元。

如果預算足夠，可以選擇使用淋浴門，淋浴門依材質不同，費用也不一，目前市面上淋浴拉門的材質，主要為 PS 板、強化玻璃兩類材質，前者價格較為便宜，但是透明度不高，而且耐熱度只有 60 度，且不耐撞擊，遭受重擊容易破碎；強化玻璃在飯店空間相當常見，除了耐撞程度高，高度的透明度也可讓衛浴空間更放大，其款式又包含透明、霧面、有邊框和無邊框。而外框部分多使用鋁料為主，有些會強調採用鋁鈦合金製成，但面對衛浴空間的長期潮濕，以後者建材較適合台灣氣候及環境，價格依尺寸變動，約為 NT.15000 元～數萬元。

想把半套衛浴改成全套，大概要準備多少錢？

至少 NT.50000 元起跳。所謂「全套」衛浴指的是有完整的衛浴設備，包含馬桶、洗手檯、淋浴間或是浴缸；而「半套」就是指僅有馬桶與洗手檯，而無洗澡的區域。有些家中擁有兩間衛浴，其中一間因人口數關係，僅設立半套衛浴，後續要將半套改為全套，其實工程頗為浩大。

基本上衛浴的裝修通常涉及拆除、泥作、重新鋪磚、購買浴缸或淋浴設備等的費用，以及一筆防水費用。而工程施作可分—拆除工程，指的通常是剔除牆面磁磚，不含清運費價格帶約 NT.12000 ～ 15000 元左右；泥作費用，磁磚重貼價格約 NT.12000 ～ 20000 元／坪，若選用進口磚或復古磚，也可能因產地不同而價格再往上加。浴缸部分，若是非按摩浴缸，依品牌其價格可能由 NT.4000 ～數萬元不等；另外若需重配水電管線遷移，費用大約是 NT.4000 ～ 6000 元／組。另外其他如面用水龍頭、淋浴設備等套件，從數千元到上萬元都有。所以在施工前務必先請人估價確認每一項目後，再開始動作施工。

原有的衛浴沒有對外開窗，想改善通風、減少異味，得花多少錢？

可運用加「排風機」來改善狀況。排風扇價格則依品牌不同，價格帶約落在 NT.1000 ～ 2000 元左右，另外現在還有「多功能換氣暖風乾燥機」，家裡若有小朋友老人家，還可避免冬季感冒，相當方便。另外如果裝了排風扇後，還是有聞到異味的困擾，這時可先檢查天花板以上的管道間，是否有造成臭氣溢出的漏洞，如果只是小洞，可以用發泡劑和矽利康灌注填補，洞口若是比較大，則要以磚塊、水泥填補，確實封好才能徹底隔絕異味。另外一種可能是抽風機的排氣管沒有套管固定接至管道間，此時只要落實接管動作便可改善。

Point 3

慎選建材與設備就省一筆，選用關鍵 & 判斷心法

衛浴工程向來會牽涉到管線位移（糞管）、泥作和設備更換的費用，若是想在這個區域節省預算，就要就衛浴位置和內部配置是否要位移、設備是否換新來考量。若是更換衛浴位置和內部配置，就要支付拆除、隔間重建、管線重拉的費用；若為新成屋，建議保有衛浴最佳、若為中古屋，依情況適時更換老舊設備或解決漏水問題，才能有效節省費用。

01 項目要點 不動馬桶、不做浴缸最省錢

若想同時擴大衛浴空間和省下預算，建議盡可能不變動馬桶和濕區（淋浴間等）位置，只把洗手檯向外推移，搭配下櫃隱藏管線位置的方式，可讓施工相對便利，也能有效達到空間放大效果。另外，若想加一套浴缸，則需考量是否有足夠預算，由於安裝浴缸額外負擔泥作、磁磚花費，若使用機率不高，建議不做可省下費用。

圖片提供＿朵卡設計

如果空間允許，基本上建議使用乾濕分離的衛浴，比較能保持衛浴的乾燥，使用上比較安全，不容易發生滑倒的問題。

02 項目要點 衛浴門片材質選擇，注意防水性

衛浴門片有幾種作法，傳統住宅多為使用塑鋼門，質感偏向塑膠，但是非常防水耐用，缺點是較無法融入室內設計，再者是實木門，缺點是防水性不如塑鋼門好，也會有蟲蛀的問題，不過如果是乾濕衛浴分離，乾區不會有沖洗的需求，地面採用濕托的方式，其實也可以採用實木門。另外，還有廠商推出SMC模壓而成的浮雕木紋門，整個結構是PU發泡一體成型壓模，兼具防水效果也比塑鋼門質感佳。

種類	優點	缺點	防水性	計價方式
實木門	外型美觀質感好，木紋種類選擇多元，尺寸修改容易，能與空間做搭配。	易吸水變形，較不耐碰撞，且不耐火，噴漆、油漆易褪色剝落。	較差，門框易受潮腐蝕，適合乾濕分離衛浴。	NT.12000～15000元／樘（連工帶料）
塑鋼門	以PVC強化塑膠防紫外線塑鋼壓縮製成，耐衝擊、高溫，具不自燃、不助燃、能自熄的防火優點，表面光滑具防水性，易清洗。	質感不比實木門好。	佳，不怕水沖也無蟲蛀問題。	NT.4000～8000元／樘（連工帶料）
SMC模壓門	材質採用玻纖加不飽和樹脂強度佳且耐火防水，內灌PU，隔音效果非常好，不用再油漆（出廠時已塗裝完成），成品表面色澤均勻。	尺寸修改不易（但可修改或依特殊尺寸訂製）。	不吸水，永不腐蝕、永不變形。	NT.7000～12000元／樘（連工帶料）

03 項目要點 依照使用區域，挑選櫃體適合的系統板材

在客廳、臥房等乾區，建議使用塑合板或木心板；而較潮濕的衛浴或廚房，則建議選用可防潮的發泡板，較能耐用持久。一般來說，木心板比塑合板的價格來得高，但若選擇特殊的表面加工或是等級較高的塑合板，價格可能會比木心板還貴。另外，台灣並無生產塑合板，多為歐洲進口，其品質經過嚴格把關，少部分由東南亞、大陸進口板材品質較差，應避免選購。

項目	特色	計價方式
木心板	耐重力佳、結構紮實，五金接合處不易損壞，具有不易變形的優點。	NT.3000～7000元／組（連工帶料，並依尺寸、設計和加工而定）
發泡板	以塑料製成，防潮力高，主要用於衛浴桶身、浴櫃門片。價格依廠牌、加工而定。	NT.10000～數萬元／組（連工帶料，並依尺寸、設計和加工而定）
密底板	木屑磨成粉製成的板材，表面易切割刮刨、可塑性高，適用於門片。但缺點是承重和結構力差、不防水。	NT.2000～7000元／組（連工帶料，並依尺寸、設計和加工而定）

Point 4 評估好工班／好師傅的條件

衛浴施工包括面盆、馬桶、浴缸、淋浴設備等四大類安裝，有的採壁掛式、有的採埋壁式，隨著個人喜好、衛浴設計而有所不同。然而，不論是哪一品項的施工，無不牽扯到「水」的處理，冷、熱給水、排水口徑、管道距離等，施工前務必要與師傅溝通清楚。另外，產品設備是採歐美規格、日本規格，產品本身的排水系統設計也可能導致漏水，安裝前一定要再三和施工人員確認。

項目要點 01

掌握三分法，做好舒適的動線規劃

（1）馬桶所需的空間為寬度為 70 ～ 80 公分，因為移動糞管需要墊高地板，也增加阻塞風險，通常不建議隨意改變位置；（2）浴缸或淋浴間所需最小寬度為 70 ～ 90 公分，根據使用者的身材決定舒適的活動空間大小；（3）洗手檯的尺寸其實最多樣也最靈活，因此可以在前兩項定位之後，再依所剩的空間決定面盆樣式和大小。注意即使空間再小，洗手檯跟馬桶之間還要是保持至少 20 公分的距離，不然一坐上馬桶可能馬上會感受到壓迫感。不過依照每個空間狀況不同，要依據現場空間做調整。

項目要點 02

看過現場在討論配件

裝修衛浴空間時，因目前衛浴配件很多，對於美感要求也高，在選購前最好也請師傅看過現場，再決定配件。舉例來說，很多中古屋的馬桶口徑與進口馬桶口徑並不一致，若是在選購前先知道，就可以避免地板需要局部架高的困擾。

項目要點 03

確實灌注、填補矽利康

在安裝淋浴或浴缸的給水設備之前，除了要先在壁面與給水出口打入矽利康，裝設衛浴配件鑽洞後，也要在洞內灌注矽利康，避免日後發生滲漏水問題，而出水口和磁磚之間的縫隙也要填補矽利康

項目要點 04

強調衛浴防水，避免漏水問題

衛浴在裝潢初期，泥作師傅整修衛浴時的防水一定要做好。一般的防水工程會使用彈性水泥作為保護層，並依現場狀況，進行 2 到 3 道塗抹防水塗料施作來形成防水層。塗抹在立面的壁面高度，也至少要超過 180 公分，才能確保防水效果更全面。每一次防水層塗刷時都要一次性完成，不能分成局部修補塗抹，並且牆壁的四個邊角以及跟水流有關的相關區域，像是糞管和洩水坡度都要同步進行，然後等待 2 到 3 天讓它自然風乾。最後進行蓄水測試動作，確認有無滲水的狀況。

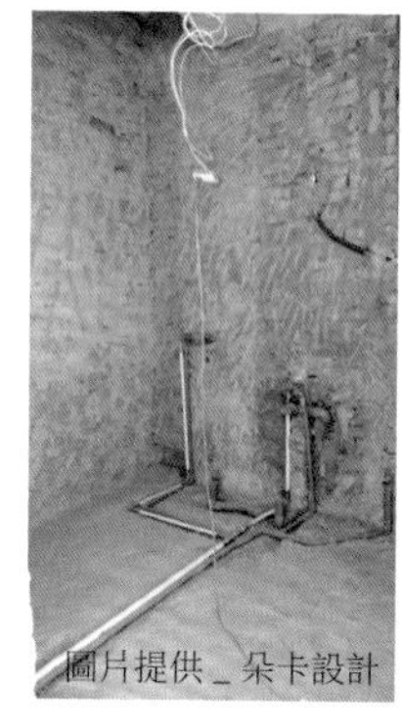

左／防水塗料塗抹在立面的壁面高度，至少要超過 180 公分才算完整。中／衛浴的水電不容忽視，更換管線以及做好防水處理，都能讓未來居住時更加安心穩妥。右／現今大多會用可防漏水的無機水泥做填縫動作。

STEP 10

玻璃工程

在裝修工程當中，玻璃已經是一種廣泛運用在室內的材料，無論是實用材料，如門、透明隔間等放大空間感，或是裝飾材，如鏡面等營造奢華感。

一般玻璃工程的內容除了玻璃材質類的，甚至替代建材的壓克力等都歸類在此，價格是由尺寸、厚度、加工手法、數量所決定，所有使用不同的玻璃建材應該仔細註明，事後才能有核對的根據。

項目	單位	數量	單價	金額	備註欄
玻璃工程					
入口玄關左側面貼 5mm 明鏡 + 磨光邊處理					玻璃加工費有價差
客廳 5mm 茶鏡 + 磨光邊處理					
客廳 5mm 玻璃挖插挫孔					
客廳 5mm 烤漆玻璃 (除白色外其餘漆色)					每多一色階多加 20 元
主臥衣櫃內面貼 5mm 明鏡 + 磨光邊處理					
次臥衣櫃內面貼 5mm 明鏡 + 磨光邊處理					花樣起多則價格愈貴
和室 5mm 強化玻璃 +光邊加工					玻璃是隔音抗熱的關鍵
廚房天花白色壓克力					
浴室 8mm 清強玻無框一字淋浴拉門					
安裝工資					
小計					
合計					

Point

1. 看懂施工計價方式與工時預估

玻璃的計價方式看以簡單，卻十分複雜。在於材料的不同，以及其加工方式及安裝工資，材料的計價方式只要掌握厚度愈厚，面積愈大就會愈貴，加工則每多一樣就要加錢，至於安裝費則需視工程的難易度而定。

2. 費用陷阱停看聽，將隱藏的費用抓出來

設計師與師傅報價的單位可能會不太一樣，「式」對應「才」，這中間有許多曖昧不明的地方要理清，因此若是要找工班，建議消費者最好要清楚玻璃的計價方式，並且會換算才不容易踏入估價陷阱裡。

3. 慎選建材與設備就省一筆，選用關鍵 & 判斷心法

居家常用的玻璃材質種類很多種，如何擅用玻璃工程的優勢，利用材質的透通及反射，以取代木作及油漆昂貴的施工費，還能形塑出更多的空間變化。

4. 評估好工班／好師傅的條件

一個專業的玻璃師傅要能把客戶給的尺寸用最省料的方式拼出來，在原始一片 300 公分 X800 公分的玻璃上切割出來，以免造成浪費，讓所有玻璃材料發揮其最大效益。

Point 1 看懂施工計價方式與工時預估

項目要點 01
玻璃材質

單以材料來看，主要會以面積計算，計價單位為「才」（30.3 公分 X30.3 公分）。若不滿一才，也會以一才來計算，這就是所謂的耗材。因此決定要用玻璃材質時，最好先思考其面積大小去計算所要的才數，才會比較划算。但一般消費者多半不太會計算，因此會交由設計師或裝潢師傅去計算，且由於玻璃材料需要加工，才不會在使用時受傷，或加裝固定五金等，所以會看到估價單上會多半以「式」來計算。

居家常用的玻璃材質有分：透明清玻璃、強化玻璃、反射玻璃（鏡面玻璃）、壓花玻璃、噴砂玻璃、烤漆玻璃等。另外有些鏡面上的反射玻璃，會透過不同玻璃運用和不同花紋的點綴，在燈光照射下也會有不同的空間表情。總體而言在價格上，只要掌握花樣愈多，則價格愈貴的原則。

行情價費用 掌握花樣愈多，價格愈貴的原則

設計性質	玻璃種類	特色	計價方式（厚度 5mm，且不含加工及安裝費，ps 此加工指倒角、稜角、圓角等）
通透感	透明清玻璃	市面上所售一般玻璃，適用於一般裝飾品，或是一般室內裝修時安裝於櫃體或隔屏隔間等使用。但一般玻璃並無強化作用，破碎時會成大片碎片且易割傷，所以不建議使用在室內的高處，或家裡有小孩及老人，以策安全。	約 NT.80 ～ 100 元／才
	強化玻璃	強化玻璃是將平板玻璃加熱接近軟化點時，在玻璃表面急速冷卻，使其具有抵抗外壓的效果，使抗衝撞能力優。當玻璃被外力破壞時，會成為豆粒大的顆粒，減少對人體的傷害。	約 NT.120 ～ 140 元／才

設計性質	玻璃種類	特色	計價方式（厚度 5mm，且不含加工及安裝費，ps 此加工指倒角、稜角、圓角等）
半透明感	壓花玻璃	有透光不透視的功能，能創造各種不同的模糊光影及陰影，也可軟化光線以調和空間，且在合適的角度上能阻隔光線；豐富的紋路效果和多種圖案可用於裝飾，例如長虹玻璃、水紋玻璃、方塊玻璃等深受復古風喜愛。	約 NT.90 元起／才（依圖案的複雜度及特殊性，價格愈高）
	噴砂玻璃	利用高壓空氣噴射將玻璃表面處理成霧粒狀；可選擇單面或雙面的加工，在圖案的設計上進行不同處理，即俗稱的「霧面玻璃」。具透光性但不透視性，有種朦朧的美感，價格上較便宜且加工迅速，運用於室內屏風、門片、窗戶及隔間。	約 NT.90 元起／才
	夾紗玻璃	在兩片 3 ～ 5mm 的清玻璃之間，夾進一層紗狀物質，常見素材有紗、麻、棉、宣紙等，其具穿透性佳，同時又有霧化的遮蔽效果，廣泛運用在屏風、門片、窗戶及隔間。	約 NT.300 元起／才（價格視玻璃厚度及中間夾的材質而定）
視覺放大感	反射玻璃（鏡面玻璃）	具有將光線反射的功能，利用鏡子的反射讓視覺空間更為擴大，鏡面的裝設位置、顏色或加工的邊角，都是設計重點，常見有明鏡、茶鏡、灰鏡、黑鏡等。	約 NT.65 元起／才
不透光但明亮感	烤漆玻璃	將陶磁漆料印刷在玻璃上，乾燥後再經由強化爐將漆料熱融入於玻璃表面內，製成安定不褪色且富多色彩的玻璃材質。具不透光與不透視的性質，而光滑與耐高溫的特性，適合用在廚房壁面與爐台壁面，可輕鬆清潔油煙、油漬、水漬等髒污。另也適合做可寫字的白板。	約 NT.190 元起／才

圖片提供＿大湖森林室內設計

圖片提供＿大湖森林室內設計

玻璃材料多半以「才」來計算，且不含加工及安裝費用。

項目要點 02

玻璃加工

一般設計師或師傅在提報玻璃工程的估價，多半會請屋主選擇想要的玻璃樣式，然後視使用的功能決定厚度，例如裝飾材的玻璃多半集中在 3 ～ 5mm 左右，若是涉及隔間則會建議厚一點 8 ～ 10mm，甚至家中如果有孩子或老人，會建議玻璃改以強化為佳，以安全為上。然後再「加價購」這塊玻璃所要的加工方式，例如：茶玻＋磨砂、清玻璃強化＋磨光邊、清玻璃強化＋烤漆＋磨光邊＋洗洞等。

行情價費用

約 **NT.3500** 元起／式（不含安裝費）

寬 90 公分 X 高 210 的 10mm 清玻璃＋強化＋磨光邊加工

加工種類	計價方式 （只有材料費，加工及安裝費用另計。ps 此加工指倒角、稜角、圓角等）
噴砂加工（5mm）	約 NT.20 元起／才
膠合加工（5+5mm）	約 NT.150 元起／才
烤漆加工（5mm）	約 NT.140 元起／才
強化加工（5mm）	約 NT.65 元起／才
光邊加工（5mm）	約 NT.15 元起／尺
鑽孔加工（5mm）	約 NT.40 元起／孔 插座孔約 NT.400 元起／孔
鉸鍊切角加工	約 NT.500 元起／角

圖片提供 _ 大湖森林室內設計

圖片提供 _ 大湖森林室內設計

用清玻璃做隔間或拉門，多半會選擇 8 ～ 10 mm 厚度的強化玻璃以策安全。

項目要點 03

安裝費用

玻璃工程的安裝費，其實市面上也十分混亂，有的師傅會連工帶料，有的卻是料及工分開計算，因此在詢價時要特別留意。另外，若大面積的玻璃，無法坐電梯運送，或是公寓樓梯，則運送費也要額外報價。一般來說，玻璃工程材料若沒有超過 20 才的話，有一個基本安裝工程費的價格約 NT.3000 元／場，若是超過的話，則以「才」來計算，報價要看各場地的施工難易度而定。

行情價費用｜**安裝工程費**，低於 20 才，約 **NT.3500 ～ 4500** 元／場

圖片提供 _ 大湖森林室內設計

圖片提供 _ 大湖森林室內設計

玻璃工程的安裝費，有的師傅會連工帶料，有的卻是料及工分開計算，要特別問清楚。

項目要點 04

透明壓克力

玻璃工程除了市面上常見的玻璃建材外，其實壓克力因為具有高透明度，其透光率達到 92%，比玻璃的透光度高，而且有高塑性、不易撞破且重量輕等特質，但缺點是不能做太大片，易彎曲，以及不能做鏡面反射之外，近年來也漸漸變身為玻璃的替代材質之一，運用在隔音門窗、採光罩、天花板或牆面燈箱等等，一般運用 3mm 即可取代 5mm 的玻璃。再加上其價格多半不需額外加工，因此在每才價位上是比玻璃來得便宜。

行情價費用　3mm 透明壓克力板約 **NT.200 ～ 350** 元／才
（不含安裝費，有顏色壓克力板另加一到三成）

壓克力具有高透明度，也算是玻璃工程之一。

NOTE :

Point 2

費用陷阱停看聽，將隱藏的費用抓出來

想在拉門上裝藝術玻璃，如何估價呢？收費方式一樣嗎？

A：

藝術玻璃價格不一。指的是平版的玻璃做藝術加工，方法有噴砂、晶雕及鑽雕的雕花玻璃、彩繪等，因科技進步，還有雷射玻璃以及噴墨印刷的 3D 立體烤漆玻璃等，種類繁多鑲嵌玻璃則在 NT.500 元起／平方公尺；量身訂製的浮雕彩繪玻璃，採取浮雕與彩繪技法的雙重運用，製造有鑲嵌或燒鎘的視覺效果，讓平板的玻璃鏡面，能渲染出讓人驚奇的立體效果，要價約 NT.200 元起／平方公尺。

一般壓花玻璃較為便宜，約 NT.50 元起／平方公尺，3D 立體烤漆玻璃價格約 NT.800 元起／平方公尺。至於雷射雕刻則是採取在作品上打下的點數計費。以上價格涉及圖片尺寸及用色的複雜度，因此最好事先詢問，並記得將設計及安裝施工費，也要事先問清楚。（註：一平方公尺約 10.89 才）

在玻璃工程估價時，師傅會問要不要做「不沾手處理」，這是指什麼？

A：

一般會運用在「噴砂玻璃」或「烤漆玻璃」施工時的一項保護漆。因為噴砂及烤漆玻璃最讓人詬病的就是噴砂面很容易沾上油漬、手印，非常不容易清洗，給人用越久越容易髒的感覺。因此玻璃廠商會在上面噴一個保護漆，但是用久了，保護漆一樣會退掉，要不定期用坊間市售的不沾手處理劑再處理，以防止灰塵的粘著及指紋的附著。所以，設計師會將噴砂或烤漆玻璃設計在身體不易接觸的地方，就沒有這個「不沾手處理」問題。不然建議多加一些預算改用白膜夾砂玻璃，長久來看會比較划算。

安裝 Low-E 玻璃真的會比較省電費嗎？

節能訴求的 Low-E 玻璃，是種低幅射鍍膜玻璃，在玻璃表面鍍上多層金屬或其他化合物組成的膜系產品。其鍍膜層可阻擋 70% 的紫外線與 70 ～ 80% 的紅外線，防止室內溫度因日照而上升，達成節能減碳的環保目標，因此多半會安裝在室外的窗戶或結構落地窗，不過建議加工為雙層的真空玻璃才會達到較好的隔熱效果。

以台玻為例子，其 12mm「單片強化玻璃」成本比例是 1，那麼 6+6mm 的「Low-E 膠合玻璃」成本則約是 2，6+12a+6mm 的「Low-E 複層玻璃」的成本則約 2.5，6+6mm 的 Low-E 真空玻璃則約 4。而且玻璃的厚度和鋁窗的成本也有很大關係，玻璃中間多了 6 ～ 12mm 的中空層，鋁框的厚度也得加倍，成本大增，因此部分建商選擇採用較薄，又兼具隔音、安全效果的膠合玻璃，或 Low-E 膠合玻璃，只有頂級建案才會用到 Low-E 複層或 Low-E 真空玻璃。

圖片提供＿大湖森林室內設計

Low-E 玻璃的厚度和鋁窗的成本也有很大關係，因此部分建商選擇採用較薄，又兼具隔音、安全效果的膠合玻璃，或 Low-E 膠合玻璃取代 Low-E 複層或 Low-E 真空玻璃。

Plus 如何判斷 Low-E 玻璃？是複層還是膠合？

當玻璃安裝到鋁窗上，就難以判別厚度，不過複層式的玻璃可以從玻璃邊緣清楚看到一層鋁條，鋁條上有小洞，內有乾燥劑，膠合或單層玻璃就沒有這個設計，建議消費者最好在建商合約內註明玻璃的種類，或在翻修時，跟設計師溝通時一定要交待清楚，並在現場師傅要裝窗時，到施工現場確認。

Plus 膠合玻璃施工時注意事項：

膠合玻璃的優點在於其安全性極高，也比其他種類玻璃具耐震性、防盜性、防爆性、防彈性高，尤其適用於家有小朋友或老人家者，特別是用在陽台或樓梯的欄杆，另外就是衛浴的乾濕分離隔間。但它在施工時要注意「嵌縫」工程要確實，以免發生鋁框及水泥面的接合處發生漏水問題，而影響到居家生活的品質。一般來說，嵌縫空隙約為 3 ～ 5 公分為宜。過小的嵌縫空隙，因不易實施防水水泥砂漿的灌漿工作，故容易出現填縫不實的狀況，在下雨時出現「毛細現象」的漏水問題。

Point 3

慎選建材與設備就省一筆，選用關鍵 & 判斷心法

因為涉及加工方式及視覺美感呈現，因此在設計師的報價單裡，多半只會用「式」的方式報價，並說明施工的位置及功用，多半不會單獨列出玻璃「才」的費用。但到底哪一個比較划算，其實見人見智，設計師因其專業會思前顧後地將玻璃材質運用得極具巧思，並顧及到細節，還有售後服務等。但若是找一般工班師傅估價，只是針對消費者想要尺寸直接加上施工費的報價法，估價單看似便宜，但消費者恐怕要花比較多心力監工。

01 項目要點 貼膜玻璃取代藝術玻璃

圖片提供＿大湖森林室內設計

貼膜玻璃取代藝術玻璃，價格差異大。

在家裡的玄關屏風來一塊藝術玻璃，可以提升家裡的氣質，但是藝術玻璃一塊動輒上千元，甚至上萬元，實在很難買得下手，建議可以用坊間出的藝術貼膜方式在玻璃上加工，便省很多。

例如：市售的 90X500 公分藝術貼膜約 NT.500 元起不等，將一面貼上玻璃後，可以用刮板從中間向四周刮開，把膜與玻璃之間的水和氣泡刮掉，再將保護膜撕掉，並拿美工刀順著框邊，把多餘的膜割掉就大功告成了。

02 項目要點 減少玻璃加工最省錢

玻璃工程的費用計算，其實就是一個「加法」的概念，因此若想省這個費用，建議可以從三個方面著手：

（一）選擇正確的玻璃種類及厚度：玻璃的種類愈複雜，價格愈貴，像是清玻璃與水紋壓花玻璃相比，一才就差了兩倍的價格，若是藝術玻璃價格更高。另外就是厚度，玻璃主要的厚度有 3mm、4mm、5mm、6mm、8mm、9mm、10mm、12mm，再厚就要訂製了，價格也是愈厚愈貴。

（二）避免不必要的加工：多一項加工就會多一分錢，像是清玻璃與強化玻璃就差一倍價錢，另外磨光邊、切角，或鑽孔、洗洞等也會影響價錢。

（三）控制單片玻璃尺寸大小：玻璃工程還有一個特別的地方，就是安裝及運費另計，特別是若太大片玻璃，無法用電梯運送，爬樓梯的話，每上一層都會加計運費，若連樓梯也上不去，就要請吊車，也會增加費用。因此最好能控制單片玻璃尺寸大小，以便降低運送費用。

圖片提供_大湖森林室內設計

控制單片玻璃尺寸大小，切割適合大小至現場拼貼，以電梯能運送到最佳，省掉不必要的運送費。

03 項目要點 善用局部玻璃及鏡面應用，放大空間感

相較木作還要上油漆，或是實木層板要每層加燈管的方式，善用玻璃通透性特質，可以省掉很多不必要的工程費，例如在書櫃或開放式櫥櫃用玻璃層板取代實木層板，並在最下層加裝燈管，可以透亮到最上一層，營造視覺效果，而且玻璃層板會比木作便宜。在牆面設計上也可使用鏡子或藝術玻璃的元素來取代木做造型，桌面也能使用強化玻璃作為替代材料。另外，在玄關處可使用大面積的鏡面，不僅具有放大視野的效果，也皆具功能性。屏風使用玻璃的元素取代實木屏風，也是常見的設計手法之一。

圖片提供＿大湖森林室內設計

聰明運用玻璃層板來取代實木層板，但要注意的重要性。

04 項目要點 以有色玻璃及燈光造成視差隔間

現在很流行利用有色玻璃當成空間彈性隔間，並利用光線造成視差，達到視覺通透或不通透的情況，例如黑玻，不開燈裡面會變暗，開燈會變透明等方式，這樣的設計手法，不但能節省傳統隔間實牆的費用，以一道 400 公分的泥作隔間牆施工費約 NT.10 萬元起，但由 210X90 公分的黑色玻璃約 X 4 ～ 5 片做隔間牆或拉門設計，費用大約 NT.3 萬元起，省掉了三分之二。畢竟玻璃單價在裝修材料裡的費用算是比較親民的，這樣的費用衍生主要來自於設計的造型，以及異材質的結合。

Point 4 評估好工班／好師傅的條件

找對玻璃師傅，會讓家居的品質提升很多，但以玻璃工程涵蓋的範圍很廣，因此施工師傅可以透過玻璃廠商提供，或是找鋁窗師傅兼任，至於報價方式可以單獨報價，也可以涵蓋在其他工程裡，例如鋁窗、木作或衛浴等，因此建議在找工班時，不妨請對方能帶你去看現場，「工」的品質好不好現場立判。

項目要點 01

看矽力康收口來判斷

好的玻璃師傅不但會計算玻璃的尺寸及材料外，也重視收尾的工作，在不清楚玻璃師傅的能力如何，不妨請對方實際用矽力康在現場為玻璃接縫來看其功力，例如玻璃與玻璃、水泥、磁磚或木作等的銜接，尤別是注意門洞口及牆面接口處的接縫要求平直，45 度角對縫。飾面板粘貼安裝後用角線封邊收口等，若矽力康施工很平整，沒有空洞就是過關了。

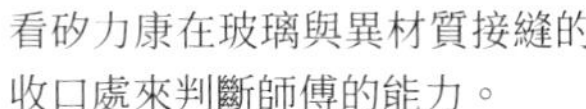
看矽力康在玻璃與異材質接縫的收口處來判斷師傅的能力。

項目要點 02

注意玻璃上面是否有標示

一個專業玻璃師傅在送玻璃到現場時，會把需要安裝的玻璃，按部位分規格、數量裁製，已裁好的玻璃按規格編上號碼；分送的數量應以當天安裝的數量為準，不宜過多，以減少搬運和減少玻璃的損耗，在施工也才不會安裝錯誤。

正確玻璃施工流程之一，會在玻璃上面記錄安裝尺寸及位置，做完後再擦拭掉。

STEP 11

油漆&壁紙工程

油漆與壁紙工程是住宅裝修最重要的表面功夫。油漆與壁紙工程進行時，不能同時安排其他工種，得確保環境整潔不飛灰塵。就油漆來講，填縫、補土等打底整平工作事關重大，倘若做不好，後續工作怎麼補救都回天乏術；另外像特殊材質如磁性漆、硅藻土的加入，則融合能隨意揮灑的塗料特性，成為最自由的機能、環保裝飾元素。至於壁紙，現場黏貼要注意平整，讓其沒有氣泡且呈現接縫自然的成果。

項目	單位	數量	單價	金額	備註欄
油漆工程					
施工中廚房櫃面 PC 板簡易防護工程	式				批土 2 ～ 3 次，2 底漆，2 面漆／不含陽台
全室室內木作複式暗架天花批土補平面 ICI 漆	坪				批土 2 ～ 3 次，2 底漆，2 面漆／不含陽台
全室室內壁面批土補平面噴 ICI（白色）	坪				
主臥主牆跳色	式				
次臥主牆跳色	式				
家電 & 活動傢具進場後油漆收尾	式				
全室打矽力康	式				工程以實際施作計價
玄關／鐵件屏風烤漆費用	式				
全室鐵件／木層板／鐵件噴漆	式				
全室窗簾盒	尺				注意窗簾盒價格易忽略
壁癌抓漏	式				
壁紙工程					
客廳沙發背牆造型壁紙	坪				壁紙國產與進口有價差
主臥床頭透氣皮裱布板	式				
小計					
合計					

Point

1. 看懂施工計價方式與工時預估

新成屋的油漆多半才批一次土，就進行大面積噴漆，所以原有的表面觸感通常較粗糙，因此建議無論是新屋、老屋，油漆工程都要完整，避免未來再次施工。工期上以 20 ～ 30 坪住家來說，直接進場就可刷的工程最多 3 個工作天，但要加上批土和打磨，工期至少得一星期；另以 70 坪大宅來說，約花 15 天，施工現場狀況會直接影響工期。

2. 費用陷阱停看聽，將隱藏的費用抓出來

油漆跟壁紙說貴不貴，但說便宜也不便宜，如何抓到其中竅門，就像是化妝打粉底，把基礎底打好，再用油漆或壁紙就能呈現最好的狀態。

3. 慎選建材與設備就省一筆，選用關鍵 & 判斷心法

油漆與壁紙是便宜且好用的替代建材，尤其在全室空間裡，抓一道牆面做跳色或特殊處理後，整個空間氛圍都會感覺不一樣；另外以仿真壁紙取代實際材質，像是清水模或文化磚，效果不錯價格更能省一半。

4. 評估好工班／好師傅的條件

好的油漆師傅並不好找，在於有口碑的油漆師傅案源不斷，網路上找又不放心，其實最簡單的方法，就是約油漆師傅時直接參觀他的工地施工，從現場態度及工具箱中就能檢視這位油漆師傅是否專業。

Point 1 看懂施工計價方式與工時預估

項目要點 01

木作櫃體噴漆

處理櫃面油漆，有些師傅會以尺（台尺）來計價。木作噴漆的價格首先要看是高櫃還是矮櫃，來確定計價單位，然後加總櫃體每個面的寬度總合，就像量腰圍一樣繞一圈，就能算出櫃子油漆的價格。木作的噴漆程序大概要四次左右，需經過反覆噴、磨等動作。

但如果以鋼琴烤漆來做處理，樹脂為其原料，做出像鋼琴外表般的亮漆面，硬度與厚度都較高，則需要 7 ～ 9 次的程序，手續更複雜價格也更高，但效果相對也會精緻。

行情價費　用

矮櫃噴漆 約 **NT.450** 元起／尺

高櫃噴漆 約 **NT.800** 元起／尺

門片噴漆 約 **NT.4000** 元起／片（含框）

鐵件烤漆 約 **NT.1500** 元起／尺（現場烤漆）

門片烤漆 約 **NT.10000** 元起／片

圖片提供 _ 聿和空間整合設計

圖片提供 _ 聿和空間整合設計

木作櫃多半以噴漆製作效果才會好，至於價格要先看是高櫃還是矮櫃，確定計價單位。

項目要點 02

漆前批土、研磨

油漆基本工序為：保護工程→牆面重整→粗批粗磨後再細批細磨→用水泥漆做底漆施作、再二次面漆施作→清潔後完工。牆面上漆或貼壁紙時需要讓平整度更細緻，此步驟稱為「批土」，批土能增加建材表面的細緻度，如此油漆和壁紙才會看起來更平。

一般油漆師傅在報價時，多半是連工帶料一起算，較少工料分離的，除非是特殊製作。油漆計價單位多半以「坪」來計算，計算公式大致如下：地坪面積 ×3.0 ＝塗刷總面積。一般來說，住家重新粉刷，牆面平整的話就不需再批土，直接刷上水泥漆就可以了，一般價格大約在 NT.250 元起／坪。局部批土（含油漆）的話，則基本價位則落在 NT.500 元起／坪；至於需要全批（含油漆）的話，則每坪 NT.1000 元起跳。為了保障自身權益，在油漆師傅報價時，最好要連使用的漆料品牌也一併標示。

行情價費用

單純批土 + 研磨約 NT.100 元起／坪左右
（批土需要研磨）

壁面批土 + 水泥漆約 NT. 950 元起／坪
（AB 膠 2 批 2 磨 2 漆）

案型種類	豪宅、別墅的裝潢案	住宅裝潢案	新成屋粉刷
油漆價位	NT.1000 元起／坪（含打底批土）	NT.500 元起／坪（含打底批土）	NT.500 元起／坪以下（不批土約 NT.200 元起／坪）
批土及油漆次數	三底五度	二底三度	一底二度

圖片提供 _ 聿和空間整合設計

圖片提供 _ 聿和空間整合設計

左／牆上黃色色斑是補土加入色料造成，目的能凸顯補土區域，提醒後續施工注意。右／油漆工程最重要的是先要打底，包括批土磨平才能上漆，圖為工程進行中的細批細磨。

項目要點 03

天花板、牆面用漆

現今水泥漆講求無毒、環保、好清潔，因此天花、壁面都可以使用，而且用噴的速度會比刷的快很多，也能解決上速度差距所形成的漆痕問題，所以多數設計師、工班目前都改以水泥漆噴漆為主，刷漆為輔，以修節一些轉角或牆邊接縫處（價格多數合計）。居家住宅油漆施工的標準上漆手續為「二底三度」，「底」就是批土及打底、「度」則是計算上幾層漆，也就是牆壁要經過二次的上土磨平再噴漆三次，批土或噴漆次數多，則單價越高，目前報價方式多半連工帶料，天花板、牆面都一樣會以坪數去計算。

只是天花板因高度及施工關係，每坪的油漆工錢會比牆面至少貴上 NT.100 元。若是造型天花板，則視施工的難易度額外報價。另外，乳膠漆的報價也會比水泥漆高，大約一坪以相同每度都會貴上 1 倍左右。然後一般油漆會以坪來計價，只有特殊的地方，如踢腳板以台尺計價，門片或門框會以樘計價，要注意。因此，在檢視工班所提供的估價單時，都需要確認清楚，以免事後爭議。

行情價 費用

門片、門框油漆 約 **NT.500** 元起／樘
石頭漆 約 **NT.1200** 元起／坪
馬來漆或樹脂漆 約 **NT.3500** 元起／坪

種類	特色	優點	缺點
乳膠漆	為乳化塑膠漆的簡稱，主要由水溶性壓克力樹脂與耐鹼顏料、添加劑調和而成，漆質平滑柔順，塗刷後的牆面質地相當細緻。	漆膜較厚、漆面較細緻，質感佳，防曬抗菌，不易沾染灰塵。	為呈現細緻的質感，油漆師傅會加水稀釋並塗刷比水泥漆較多的道數，塗刷前置作業較費時費工，以致施工成本高；但好的乳膠漆可維持 5 年後再重新粉刷。
水泥漆	主要塗刷在室內外的水泥牆而得名，為大眾化室內塗料。具有好塗刷、好遮蓋等基本塗刷性能。	價格經濟實惠，可塗刷面積大，施工時較省時省力。	粉刷後質感較差，不耐清洗，一般壽命 2 ～ 3 年。

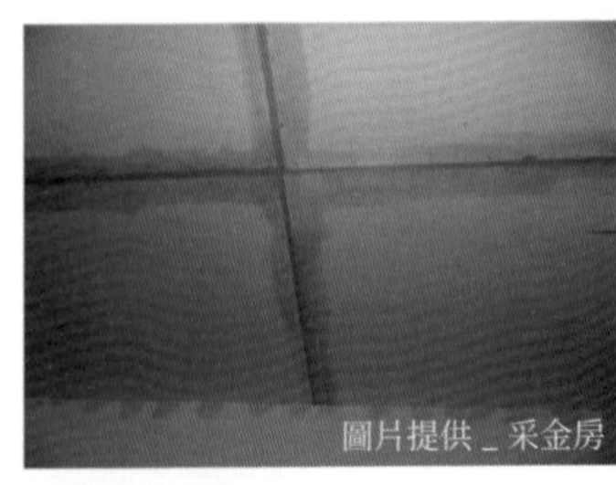
圖片提供 _ 采金房

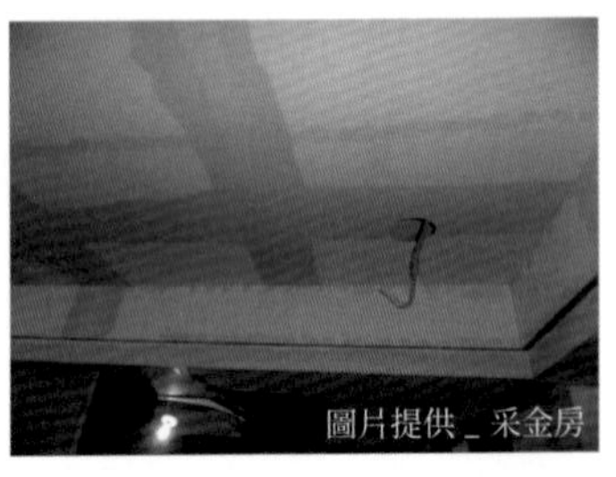
圖片提供 _ 采金房

天花板油漆施工要先用 AB 膠補縫，再用批土平整後在上漆才好看，但工序較牆面困難，因此費用較高。

項目要點 04

壁紙

壁紙的價格計算，要先認清壁紙一卷寬度固定為 92 公分，長度為 10 公尺，所以計算方式多半要看所需的面積來評估。由於 92 公分近似 1 公尺，因此有些廠商在計算時，會以長度來粗估。以牆高 240 公分，寬 290 公分，如果花樣是由上往下貼，則需 8 ～ 9 片的壁紙，也將近一卷。

若依此推算，國產壁紙大約在約 NT.1000 ～ 1500 元／坪；進口壁紙約 NT10000 ～ 30000 元／坪；而天然紡織物壁紙的價格則較高，另外期貨壁紙更貴，必須加入運費，因此每坪都在上千元以上起跳，甚至一坪萬元都有。另外，壁紙要視工程大小而定含不含施工費，因此在詢價時要問清楚。

行情價費用

國產壁紙 約 **NT.1000 ～ 1500** 元／坪（不含施工）

進口壁紙 約 **NT.10000 ～ 30000** 元／坪（不含施工）

種類	優點	缺點
壁紙	(1) 主要成分仍是紙，有面材、底材之分，面材大多以印刷圖案為主，底材主要為純紙、PVC、不織布。 (2) 可大面積黏貼於牆面，並能取代油漆。 (3) 圖騰種類多，可隨喜好做選擇搭配。	各種風格均適用，但怕潮，因此潮濕空間不適合使用。
壁布	(1) 壁布和壁紙的底材材質相同，使用 PVC、純紙和不織布。通常在面材的呈現上，以棉、麻、絲天然材質為多，日新月異的技術與設計，讓過去不可能出現的材質例如羽毛、貝殼、樹皮等也被用於牆面裝飾，整體色材較自然。 (2) 成分天然，質感觸感也很柔和。	各種風格均適用，因成分關係要注意使用環境，較潮濕空間不適宜。
壁貼	(1) 壁貼背後含有膠的成分，撕下後就可直接使用。 (2) 屬於局部裝飾材的一種，可作為妝點空間之用。	複雜且細緻的高級壁貼要由專人施作。

圖片提供＿大湖森林室內設計

圖片提供＿大湖森林室內設計

國產與進口壁紙的價格差異極大，在施作膠合材料及施工品質更是要注意。

Point 2

費用陷阱停看聽，將隱藏的費用抓出來

牆面油漆跟木作櫥櫃的油漆計價是否一樣？差別在哪裡？

不一樣，差在用料不同。油漆估價有分牆面油漆與木作油漆，又分為全批土與局部批土。「牆面油漆」的水泥漆或乳膠漆，處理上有所不同，在預算內要呈現出什麼質感，並不在油漆本身而是施作的方式，並且分為全批土與局部批土來計算。乳膠漆的做法較為繁瑣，全批牆面來呈現平滑質感，水泥漆則比較隨意，因為漆料表現有所不同，因此如果能自行理解牆面狀況與木作的表面質感，油漆的品質就能隨屋主要求而調整，自然價格也會有所差異。

至於「木作油漆」，一般來說，底漆塗的次數越多表面會越細緻，相對質感也會提高，工法上可分為半粗面和全光滑面兩種，半粗面的價格約為 NT.700 元起／門片，全光滑面的價格則約為 NT.1000 元起／門片，門片的尺寸大約為 200X50 ～ 60 公分，可視屋主喜好選擇。

設計師都用「坪」計算，請問怎麼換算用了多少罐油漆呢？

一加崙油漆可漆 8 ～ 10 坪左右。除了油漆費還需要計算工時。油漆工程的估價方式採「坪」來計價，工序部分包含批土、底漆、面漆，整體報價會依使用的漆料種類、工序的繁複要求等調整，普通的水泥漆行情約為 NT.800 元起／坪（連工帶料）；但油漆的施作除了牆面外，也有包括木作櫥櫃的表層、內裝處理，工程報價會因櫥櫃面積再往上升。所以只是把坪數換算成用多少罐油漆，並不盡合理。而且大致來說，一加崙的油漆（1 加崙約 4 公升）約可塗刷 8 ～ 10 坪左右，所以如此推算水泥漆行情約為 NT.800 元起／坪（連工帶料）已算很合理。若是屋主想要自己買漆，再交給油漆師傅施作，則工錢會比較高。

壁紙施工是連工帶料嗎？如何計算呢？

壁紙的計價方式多半是「工跟料分開」計算。是因為壁紙本身材料價格落差，像特殊手工壁紙，因為施工困難相對價格很高。原則上壁紙價格的判定以「厚度」來看，一般越薄的價格越貴，另外花色或圖案特殊，或有立體造型則價格更貴。計算方式多半以尺寸來計算，是因為進口壁紙多半為 0.53 ～ 1 公尺 X10 公尺為一大單位，但壁紙施作時又要知道是否有對花圖案，在施作時一定要多留上下左右 5 公分～ 10 公分的裁剪部分，以便銜接。因此計算有些複雜，建議交由專業廠商去測量及判斷。至於工程費的計算，若是施作的壁紙在 15 公尺（大約 2 大捲）以內，則收取標準施工費約 NT.3000 元起，但若安裝面積超過此範圍，則收費將視案場情況而調整。同時，若需進行牆面批土或整平打磨等額外工程，相關費用另計。

壁紙會比油漆省錢嗎？

不一定，視美感決定。由於這幾年壁紙一直推陳出新，不論花色或樣式都較以往來得多樣，相對也提供不少設計師在裝修時的搭配素材。若以價格來看，的確壁紙的單價較油漆低，也是設計案競相採用壁紙的主要原因。若牆面情況還不錯，建議可多使用壁紙，讓空間層次多樣化，但若是房子太過老舊，則還是先把壁面問題處理好，這時使用油漆比較能提早發現牆面問題的產生，早做處理。

Plus 如何看油漆有無刷確實及驗收？

看牆面油漆的飽和度、是否均勻，會牽涉到是否有偷工減料。因為若直接在板材上噴漆，沒有批土，則表面會呈現顆粒明顯，甚至會產生類似皮革荔枝紋的紋路。另外，也可以用不同的光源角度，幫忙油漆驗收。例如間接燈光能看天花板、窗戶打進來的自然光則能可看出沙發背牆是否塗刷均勻。

Point 3

慎選建材與設備就省一筆，選用關鍵 & 判斷心法

想在有限的預算下快速改變空間氛圍及面貌，那麼油漆及壁紙是最好的工具。以油漆而言，除了直接用色彩改變空間樣貌外，還能運用特殊工具或油漆方法，使漆料表面變化出各種圖樣，例如運用鏝刀刮出立體紋路、透過造型圖章的滾輪創造繽紛花樣、更可利用刷子二次加工，刷出斑駁紋理，讓漆色呈現斑駁不均的特殊表面，一方面省下造型木作的費用，同時也豐富空間表情。

01 項目要點 刷漆及噴漆價格差異不大，烤漆最貴

由於噴漆越來越普及且施工快，因此現在大部分都是用噴漆處理，刷漆只有在局部施工時才使用，價格帶兩著也相差不大。倒是想質感更好，烤漆是不錯的選擇，但價格約是噴漆的三倍左右；也可做鋼琴烤漆，但是表面較硬，門片開闔頻繁的狀態下，容易出現損壞或裂痕，無法進行補漆處理。另外特殊漆的價格也是一般漆的兩倍左右，所以若非必要，不要選擇特殊油漆方式，價格就會省很多。

圖片提供＿天涵設計

住宅裝潢案屬於細工，不管設計師要求或屋主要求，施工都會比一般住家粉刷更講究品質。

02 項目要點 吸鐵黑板塗鴉牆比白板牆便宜

一般人會想利用黑板漆設計塗鴉牆，這確實是個不錯的點子。但需注意，塗刷完畢後應等待至少 12 ～ 24 小時確保完全乾透，甚至建議讓牆面持續靜置 2 ～ 7 日，讓成分更穩定，並提升整體質感與效果。此外，黑板漆較不適用於金屬和玻璃表面，因其無法完全吃色，效果會打折扣。若想兼具黑板和磁性兩種功能，建議先塗刷磁性漆，再刷黑板漆。特別需要注意的是，由於磁性漆完工後，表面可能不平整，得先進行補土和整平處理，然後再進行黑板漆的工序。黑板漆和磁性漆每桶價格至少約 NT.1000 元，每桶可漆約 1.5 ～ 2 坪。相較之下，白膜玻璃的價格至少約 NT.200 元／才，再加上中間夾鐵件，製作一道 2 坪左右的白板牆，至少約需 NT.2 萬元。

03 項目要點 選用特殊漆取代清水模效果， 立馬省數萬元

想營造清水模質感，有時並不需要花大筆預算，而是藉由一些特殊漆料替代，一樣能達到類似效果，以實際施作清水模來說一次施作至少需花費 NT.12 萬元以上，即便坪數較小，也需負擔基本的出工費用。而仿清水模漆每坪至少需 NT.4500 元，相對能節省數萬元。而目前除了水泥、石材質感外，也有木紋樣式的漆料。

圖片提供＿采金房

擬真性極高壁紙，雖然仍不能完全替代真正文化石磚或清水模牆質感，但也具有相當逼真效果。

Point 4　評估好工班／好師傅的條件

好的油漆師傅並不好找，在於有口碑的師傅案源不斷，因此不會看上金額太小的案場，如果萬不得已找不到熟悉的油漆師傅協助，能透過網路上尋找，建議最直接的方式，就是去參觀他的完成作品。並現場檢視上漆是否平順？若是看得到刷痕，表示工力太淺。若是能直接到工地參觀更好，也可從工具箱裡檢視油漆師傅是否專業。

項目要點　01

標註的材料品牌與現場施工相同

由於油漆這行業沒有專業的油漆師傅證照，所以無法佐證好壞。不過，資深的好油漆師傅單憑口碑就已經案源不斷，也沒有必要用一張紙去證明。因此，與其要求專業證照，不如直接要求油漆師傅的油漆品牌；當然也能請師傅推薦，但建議最好請他出示材料合格證明書，像是低甲醛的油漆或是綠建材的油漆等等，並在施工時記得去現場監工，才能了解是否用對材料。

項目要點　02

油漆師傅會確認調色至屋主想要的色彩才上漆

若只用賣場的標準色，一般油漆師傅會直接上色，等確認後才進行油漆，基本上跟屋主想像的差異並不大。但遇到特別色的調漆牆面，或是用手工鏝刀的特殊顏料，好的油漆師傅會在施工時，調色好上色在牆面上請屋主確認顏色，才會施作整個牆面。

圖片提供＿十車和空間整合設計

當兩面牆不同色時會使用遮蔽膠帶避免沾染，貼膠帶時要沿牆面精準貼覆，避免牆與牆接縫處色塊歪斜。

項目要點 03

檢查帶來的油漆及壁紙背膠是否無甲醛

由於近幾年的環保推廣下，消費者都知道油漆要選擇無甲醛低汙染的產品，而且也會去聞看看油漆的味道是否含有甲醛的臭味，因此在油漆的選擇上較無問題。相對之下，對於壁紙的要求就比較少，其實從環保的角度上看，選用壁紙更重要的就是選用「壁紙膠」，因為鋪貼壁紙，最大的污染就是來自於壁紙膠。建議在挑選壁紙廠商及師傅時最好先詢問其所使用的背膠是否符合低甲醛的環保要求。

圖片提供＿大湖森林室內設計

在室內空間裡若是壁紙使用得當，呈現的空間效果並不會比油漆還差。

項目要點 04

填色處理以避免凸顯細節瑕疵

為了避免玻璃折射、凸顯溝槽黑影、瑕疵所作的填色處理。在玻璃溝縫、人造石底部、木作內嵌玻璃等接縫處，都會刷上與周遭建材同色的漆，避免細節影響整體美觀。

STEP 12

燈具&窗簾工程

隨著住宅本身的基地位置、環境構造、採光方向、空間需求等，燈光設計會有許多變數因子，遵循「燈不直接照人」、「避開人常經過處」、「背光照明方式」等三大準則，塑造兼具美感和舒適性的照明設計。相較之下，燈具補採光，帶來有趣的光影變化、而窗簾則是遮光擋陽為主，其對空間佈置有很大的影響，運用得宜，可為空間呈現溫馨的感覺。

項目	品名規格	單位	數量	單價	金額	備註欄
壹	室內配線					
	1F 天花板電燈配線工料	式				天花板挖孔會增加費用
	2F 天花板電燈配線工料	式				
	3F 天花板電燈配線工料	式				
貳	電燈器具					
	15X15 嵌燈	組				
	T5 燈管 4 尺	組				選燈注意避免眩光
	外玄關壁燈	組				
參	主客燈					
	餐桌主燈	組				
	廁所吸頂燈	組				
	樓梯壁燈	組				安全導引樓梯路線
	3F 房間吸頂燈	組				
	陽台燈	組				
	6 切開關	組				
	3 切開關	組				
	2 切開關	組				開關數多則施工費高
肆	窗簾					
	客廳對外窗（紗簾）	式				
	主臥對外窗（木百葉簾）	式				
	主臥衛浴對外窗（鋁百葉簾）	式				
	次臥對外窗（木百葉簾）	式				
小計						
合計						

Point

1. 看懂施工計價方式與工時預估

燈具與窗簾的估價方式都是「料與工分開計價」，差異在於因產品不同，計算原則也不儘相同。像是燈具的估價單上多半以盞或組計價，但不含佈線及安裝費，至於窗簾計價多半以才或碼計算，安裝費另計。

2. 費用陷阱停看聽，將隱藏的費用抓出來

基本上燈具有許多費用是含在水電工程裡，因此在報價時燈具工程指的多半是燈具價格而已，因此在看估價單時要注意。相較之下，窗簾報價比較清楚，但是若以組報價，要問清楚涵蓋什麼內容。

3. 慎選建材與設備就省一筆，選用關鍵 & 判斷心法

其實無論是燈具或是窗簾，涉及到環境因素，因此會有所調整；正確的居家照明設計應先以自然採光為主，不足後才啟用人工照明與窗簾的協助，才是真正的節能。

4. 評估好工班／好師傅的條件

若是要自己找師傅來安裝燈具或窗簾，基本上是兩項工程。燈具安裝在購買燈具時，可以直接問店家推薦，再請師傅來估價，若是窗簾廠商則自己有配合的安裝師傅，就比較不用擔心。

Point 1 看懂施工計價方式與工時預估

項目要點 01 燈具

若請設計師或水電工來估價時，燈具的佈線工程與開關都會計算在水電工程費裡，因此燈具費用多半會單指挑選的燈具費用；注意燈具工程為工與料分開，尤其是若要在天花板挖孔，則費用要另計。一般來說，請師傅裝燈會有一個基本安裝費用約 NT.500 ～ 700 元（依案場整體來計，無論盞數的多寡），但之後會依工程多寡及複雜度再計價（愈複雜的燈具，安裝費用愈高），舉例來說，以最單純的筒燈、投射燈、嵌燈、軌道燈等為例，因為工程不會太複雜，如原本僅需 5 盞，但如果有後續追加盞數，則安裝費用價格帶約落在 NT.150 ～ 250 元／盞（扣除基本工資後計算）。

若是主燈或是高頂吊燈，價格帶則為 NT.800 ～ 2000 元／盞；另外再特殊或大型的水晶燈，安裝價格則會再往上增加。而配線施工、電線、線路壓條、開關等等都要另計，以配線施工來說，加收 NT.150 ～ 200 元／米，若要多鑽孔也會再加，且因孔狀分不同價格。軌道燈的支條佈線則為 NT.200 ～ 500 元，這部分要特別注意。

行情價費　用

基本安裝費 約 **NT.500 ～ 700** 元（依整體案場來說）

額外配線施工 約加收 **NT.150 ～ 200** 元／米

取圓孔（水電工程） 約 **NT.50 ～ 100** 元／個

取方孔（木作工程） 約 **NT.500 ～ 1000** 元／個
（視現場工程複雜度計價）

筒燈、投射燈、嵌燈、軌道燈安裝費 **NT.150 ～ NT.250** 元／盞（如遇追加時）

主燈、高頂吊燈、吸頂燈，安裝費 **NT.1500 ～ NT.2000** 元／盞（如遇追加時）

種類	特色	計價方式 （僅燈具，不含安裝費）
嵌燈	指燈具全部或局部安裝進入某一平面的燈具，又依據置入天花板的方向分為直插式嵌燈與橫插式嵌燈，投光角度可以改變的稱為可調整式嵌燈，因為其燈具的型態，所以天花板要預留一定的空間安裝（約12～15公分），並且要留意散熱的問題。	(1) LED 燈約 NT.800 元／盞（飛利浦 6.5 瓦） (2) BB 嵌燈（省電燈泡）約 NT.450 元／盞 (3) 鹵素燈約 NT.350 元／盞
LED 日光燈管	也稱螢光燈，其色溫選擇很多，不但分為黃光與白光，色溫從 2600k 至 6500k 均有，對於想要讓空間呈現溫暖氛圍的話，可選擇色溫較低的日光燈。另外現在多為 T5 燈，會比傳統 T8 燈約省電 40%。	(1) LED T8 燈管 18 瓦 4 尺白／黃 NT.120～300 元／支 (2) LED 山形燈座（單管）NT.300～400 元／（雙管）NT.600～700 元／盞 (3) LED 18 瓦 4 尺 T5 燈管＋層板燈／支架燈（含燈座）3000K 自然光 NT.250～350 元／組
省電燈泡	屬於螢光燈的一種，近年來發展出將燈管、安定器、啟動器結合在一起，配合使用白熾燈燈座的改良型螢光燈炮，稱為省電燈泡，相較於傳統的白熾燈，擁有較高的發光效率，也更為省電。而其又分為球型、U型、螺旋型三種，除了球型燈泡因多一層外罩而對發光效率造成些微減損外，另兩者差異較小。	Philips 7 瓦廣角 LED 燈泡 - 白／黃光 3000K 全電壓約 NT.160～180 元／個（視瓦數及流明，愈高愈貴，進口比國產貴）

種類	特色	計價方式（僅燈具，不含安裝費）
軌道燈	燈具為外露，能加強、延伸局部照明，需事先在天花板上留有電線，並確認其安培數及迴路，以方便後續的施工作業。另外多半與灑水管或風管等裸露管線同時並存，所以除了照明配置外，線條比例也要顧及才會美觀。	軌道約 NT.200 元／米 燈具約 NT.450 元／盞
吊燈	以懸吊的方式垂掛於天花板，且透過電線和拉管等點亮光源，較常用於室內的整體照明，尤其在客廳和餐廳被廣泛使用。	約 NT. 上千元～上萬元不等（視造型及設計感而定）
壁燈	固定於垂直面的燈具，通常選用較小功率的光線，其掛懸的位置要避免對人眼產生眩光的作用。最常被安裝於需要加強重點照明的地方，例如床頭閱讀、樓梯轉角或走廊。加上多變造型，也可作為裝飾裝飾照明。	約 NT.500 ～ 2500 元／盞（視造型而定）
地底燈	又稱足下燈，將燈具嵌在樓梯或沿著走廊的低地板區域，可用來作為夜間的安全導引之用，特殊感應的設計更為節能與方便。	約 NT.1050 元／組
盒燈	作為重點照明，內嵌於天花板中，相較於嵌燈只能前後微調，盒燈可以 360 度調整，要注意天花深度需要 15 公分。	約 NT.1500 元／組（單顆式盒燈、零件）
吸頂燈	吸頂燈不需要挖洞，以固定方式直接安接於天花板，常見於沒有做天花板的住家。房間建議使用此燈具，壓迫感會較小。	約 NT.750 ～上萬元／盞
感應燈	市面上常見包括光感知器、人體紅外線感應燈、或彈簧式的拍拍手感應燈以及聲控感應燈。常安裝於室外的屬於人體紅外線感應燈，兼具照明和防盜功能。	約 NT.800 ～ 1500 元／盞

圖片提供＿采金房

圖片提供＿Studio APL 力口建築

左／燈具本身形式不同、複雜程度而有不一樣的價格，簡單說就是愈複雜的燈具，安裝費用愈高。

右／燈箱概念設計的樓梯，光線自階梯本身量體投射出來，光源集中腳步，不會過於刺眼。

項目要點 02

窗簾

窗簾價格結構分為硬質與軟質。「硬質窗簾」，包括百葉窗、捲簾、蜂巢簾（風琴簾）、直立簾等，控制系統與主材料視為一個不可分的整體；而「軟質布窗簾」，包括經典布窗簾、蛇行簾、羅馬簾，其需要縫製布料後，掛上軌道才被視為整體，因此會分別計算布料費用、縫製窗簾車工費和軌道的費用。其中車工費會因為布料屬性、窗簾款式有不同的計算方式，舉例來說，窗紗打孔式蛇行簾，就要累計窗簾本體車工費、鉛條車工費和打孔費。而安裝費不論軟硬一組約 NT.1000 元，並依案場實際情況酌增，比如特別遠的距離或是高空施作。

窗簾單位的分別，像布料單價有以碼或尺為單位，1 碼＝ 3 尺＝ 90.9 公分；面積單位是以才為單位，1 才＝（1 尺）平方＝ 918 平方公分，像是捲簾及硬質窗簾均以此計價。而軟質窗簾多半會以「幅」來稱呼，指的是需要幾塊完整布寬的布片縫接，計算方式就是把布攤平的寬度除以最後完成的寬度，例如攤平為 400 公分，完成為 150 公分，則 400÷150 ＝ 2.66，則指要用 3 幅布。

行情價費用	基本安裝費 約 **1000** 元／組

種類	特色	計價方式 （僅窗簾，不含安裝費）
捲簾	平面造型輕薄不佔空間，透過轉軸傳動，使用操作簡單。材質不易沾染落塵，不用擔心塵蟎過敏問題，且維護保養便利。通常使用合成纖維，表面經特殊處理，亦有防水功能，適用於衛浴等地方。較不適用於大面積窗型	約 NT.100 ～ 300 元／才 （基本材 15 才）
羅馬簾／蛇形簾	「羅馬簾」屬上拉式的布藝窗簾，較傳統雙開簾簡約，能使室內空間感較大。放下時為平面式的單幅布料，能與窗戶貼合故能節省空間。「蛇形簾」算是一般傳統軌道簾的進化版，因為要強調其波浪度，所以布料要增加到窗框的 2.5 倍以上，窗摺與窗摺之間的間隔比傳統式窗簾來得更密，大約為 6 ～ 8 公分。	約 NT.1500 ～ 5000 元／碼 另計車工約 NT.150 ～ 160 元／才
鋁百葉	透過葉片角度控制，可調節室內光源並阻隔紫外線，有多種顏色可以選擇。一般為 25mm 寬度，也有 16mm 可選擇。注意兩扇裝設百葉時，兩窗之間要留約 1 ～ 2 公分間距。	約 NT.100 ～ 250 元／才 （基本材 15 才）
木百葉簾	雖然非織品類的窗簾，但白色或木百葉卻是營造鄉村風格的重要元素，原理和捲簾類似，全部放下時，有調節光線的效果。但重量相當重，建議加裝電動馬達解決。	約 NT.200 ～ 400 元／才 電動馬達 + 軌道約 NT.10000 ～ 30000 元／組
傳統 M 形軌道窗簾	又稱勾針簾或滑桿簾，每個窗摺與窗摺之間的間隔大約 10 ～ 12 公分，布料的寬度通常要窗框寬度的 2 倍以上，做出來的窗摺才會漂亮。布料的厚薄度也會影響窗摺的形狀，如果布料很薄的話，那窗簾布的寬度就要增加為窗簾框的 2.2 倍至 2.3 倍以上。	依照布料價格而定
電動捲簾	多使用大面落地窗、或是挑高住家，解決手動卷簾過重、難拉動的缺點。注意電動式要考慮隱藏馬達的設計，以及窗戶邊要規劃電源。	約 NT.100 ～ 300 元／才 （基本材 15 才） (1) 捲簾馬達約 NT.24000 元／組（進口） (2) 馬達軌道連動器約 NT.3000 元／個（進口） (3) 馬達遙控器（一對一）約 NT.3500 元／個

圖片提供 _ 大湖森林室內設計

圖片提供 _ 大湖森林室內設計

圖片提供 _ 大湖森林室內設計

上兩圖／窗簾價格結構分為軟質，例羅馬簾／蛇形簾。右／硬質窗簾，如蜂巢簾或風琴簾，注意用到的單位有以碼或尺為單位，也有用幅來計算。

圖片提供 _ 天涵設計

窗簾廠商多半有配合多年的可靠師傅推薦，建議可以連工帶料交由窗簾廠商處理。

Point 2

費用陷阱停看聽，將隱藏的費用抓出來

增加燈光除了增加開關費用外，還有哪項沒算到？

A:

燈具迴路也需要記得計算。調整和增加燈具時，除了直接想到的電源開關數量之外，也別忘了計算燈具、增加迴路的費用。水電迴路部分，基本概念就是同一個開關打開之後會同時亮起的燈具，可歸類為一迴，以 110V、2mm 的線材計算，價格大約是 NT.2000 元起／迴。有時居家生活為了使用便利，會從不同地方都可打開同一處照明，此時只需計算增加的開關數量即可。

若把燈光與防盜設備結合在一起，會很貴嗎？

器材費用大概 NT.7000 元起／組。為了居家安全，現在坊間也有這類把燈光與防盜設備結合的燈具設計，還加裝到音響設備，不但有嚇阻也有防盜的作用，因此可以利用家中的迴路設計，連接到想要定時開啟的燈光及音響，並串連定時器，當時間到時，即使家裡沒有人，也會自動啟動，點亮燈光及開啟音響，讓外人誤以為家裡有人。甚至與整個監視系統結合，例如透過數位攝影機監測隨時監測家中有無入侵情況發生，並透過網路或 Cable 線上傳至手機，讓屋主即使在外，也能掌握居家情況，一組約 NT.2 萬元左右。若有串聯到保全公司則每月月租費另計。

窗簾布分哪幾種？價格大約差多少？

主要可分為「印花窗簾」、「緹花窗簾」及「紗簾」等三種。印花窗簾的花色鮮豔、圖案多元，又能當成空間氣氛的裝飾，NT.228 元起／才；緹花窗簾的設計則比較沉穩，價格相對印花布料較高，適合奢華或古典風格的空間，NT.5600 元起／碼（進口布）；紗簾的透光效果佳，裝飾效果大於遮光效果，NT.5000 元起／碼（進口布）。提醒消費者注意，若有對花圖案的窗簾布要預留較多的損料（以上均不含安裝及車工費）。

窗簾算是傢具傢飾工程的一種，那傢具傢飾工程包含哪些項目？收費方式有何不同？若找同一家做會比較便宜嗎？

沙發、餐桌椅、床組、窗簾等均是。傢具傢飾工程又稱之為軟件、軟體，這是相對於固定式硬體施作的稱呼，共通原則是可移動性，傢具工程包括室內空間搭配使用的活動式傢具，如客廳沙發組、餐桌椅、床組等，傢飾部分包涵了窗簾、隔間簾、掛畫等軟件，其中，訂製傢具會比現成傢具約貴 1 ～ 2 倍。這一部分的花費可包涵於總預算內，請設計師一併報價，或是自總預算內扣除，自行挑選添購，價格高低依所選的物件材質、功能、美感設計而有異。若是直接找廠商訂製，也會視製作物件的多寡而有折扣，但這部分要看廠商如何認定。

Plus 依需求選擇適當照度的燈具，且檢驗合格的產品

不同使用目的場所，應搭配合適的照度來配合，例如書房全照明照度約為 100LUX，閱讀時則需要照度 600 LUX，此時可用檯燈作為局部照明，又如臥房約 300 ～ 500LUX，而客廳及餐廳則大約 150 ～ 300LUX 比較容易放鬆。照度太低時，容易導致眼睛疲勞造成近視，照度太高則過分明亮刺眼，形成電力浪費。另外，建議選擇有國際認證的燈具。並非所有 LED 燈都適合室內使用，一般居家常用的多為燈泡式或掛畫用的指向性 MR16，但坊間燈具品質參差不齊，因此建議在選購時不妨能挑選有國際認證且是知名品牌的燈具，會較有保障。

Point 3 慎選建材與設備就省一筆，選用關鍵 & 判斷心法

正確的照明設計不是亮就好，光線品質與節能同等重要，因此居家照明設計應先以自然採光為主，不足後才啟用人工照明，才是真正的節能；人工照明的搭配選擇上，應要有適宜的亮度，光色，演色性及均齊度，沒有眩光等。窗簾的選擇則不一定要安裝窗簾盒，直接加裝橫桿即可，能省下不少木工施作費用，並且注意鋁百葉、M 形軌道窗簾、捲簾會是居家較實用且便宜的選擇。

01 項目要點 訂製傢具、造型燈具或傢飾數量量力而為

訂製傢飾傢具、造型燈具有美化空間的作用，購買 1 ～ 2 件造型燈具或是傢飾品，不僅能讓空間變得很有主題性，還能突顯個人的生活品味；但因訂製傢具訴求客製化，價格向來就會比現成傢具高，建議添購訂製傢具傢飾、造型燈具時數量勿太多，以免實際需求的裝潢設備都還未齊全，就已大大傷了荷包。

圖片提供 _ 聿和空間整合設計

添購 1 ～ 2 件造型燈具或是傢飾品能讓空間變得更有主題性，添購原則為量力而為。

02 項目要點 設計正確的照明迴路設計

早期的設計沒有迴路設計，所以一開閉就全室亮，但現代要求節能，因此建議在規劃居家照明設計時，需要將迴路一併考量，以分區照明與分段控制，如四段開關設計等等，不需一次點亮一整個房間，如此一來能更加省電。雖然初期看到四段開關的價格很高，但是長期計算以 10 年來說，省下來的電費都會比這四段開關的設施來得划算。

不同空間亮度需求參考

空間	亮度需求
客廳	最好要有 100 瓦以上、色溫可選擇較溫暖不刺眼的光源。
餐廳	使用演色性高，色溫較低的光源。演色性高讓菜餚看起來可口，低色溫能營造溫暖、愉悅的用餐氛圍。
廚房	建議使用色溫為白光的燈泡，料理時光線能更清楚，不致發生危險。
衛浴	照明需要經開關，建議選擇點滅性高的燈泡較合適，可選擇 60 瓦的燈泡或更低的瓦數。
臥房	照明以提供安適的氛圍即可，因此選擇黃光較適合。若選用床頭燈，大多為輕微照明需求，燈泡選擇 40 瓦～ 60 瓦即可。

圖片提供 _ 日作空間設計

規劃居家照明設計時，自然採光及迴路要一併考量，白天透過陽光、晚上以分區照明與分段控制，能更加省電。

03

項目要點　適度以國產代替進口

在預算有限的情況下，建議可將主要建材的費用投入在公共區域，這是因為公共區域是較多人出入的地方，使用較為頻繁， 選用耐久，耐用的建材為佳。而像是書房、臥房等次要區域則可適時降低等級，以百葉窗簾為例，進口百葉窗簾多為上萬元起跳，而國產百葉窗簾的費用則能相對節省 3 成左右。

圖片提供＿樂沐制作

百葉簾透過葉片角度控制，調節室內光源並阻隔紫外線。

04

項目要點　窗簾花色加工越少越便宜

選擇窗簾的種類，只要掌握一個原則就是花色越簡單，加工越少，就會越便宜。以軟質布窗簾的計價方式：「布料費用＋車工費＋軌道費用＋安裝費」，其會遇到的加工車工，例如對花，無接縫布，打折倍數等等，尤其是打折倍數為呈現經典布窗簾或蛇行簾曲折起伏的柔順美感，但打折倍數越高，布的使用量就越多，價格也越貴，因此公認 2 倍是最佳性價比的倍數。

圖片提供＿大湖森林室內設計

影響窗簾布的價格除了國產、進口外，不同織法、使用材質都是攸關價格高低的重要因素。

Point 4 評估好工班／好師傅的條件

若自己找師傅來安裝燈具或窗簾，基本上是兩項工程。燈具安裝在購買燈具時，可直接問店家推薦，再請師傅來估價，若是窗簾廠商則自己有配合的安裝師傅，就比較不用擔心。但記得安裝完仍要自我維護，像是窗簾要定期清理；而像燈具燈管不亮，因為電流仍在運作，會造成耗電情況，因此最好要及時更換，同時建議採全面更換方式，使用起來也較舒適。

項目要點 01

找附近區域性師傅施工省車資

無論是燈具施工或是窗簾，建議最好找附近的師傅來施作，原因是找太遠的師傅，一來維修不易，二來則是在運送上會加計交通車資，以燈具為例，一般以大台北地區為主，超過大台北地區，例如桃園或基隆，則車資另計，這點請注意。

項目要點 02

會主動註明進口或國產，並選擇合格材料

安裝燈具多半仍是找水電師傅幫忙，因此只要具備合格的證照即可，同時在材料取得上會註明是用哪家廠商的品牌，讓消費者安心。若是窗簾廠商或師傅，在選擇材料上也會加註是否為防火布料或無甲醛產品，同時也會詳細告知如何計算合理的布料，以及做諮詢服務時的態度作為評判標準。

圖片提供＿天涵設計

好的燈具及窗簾廠商會提供主動檢驗合格的產品，像是燈具是國內或進口的，窗簾是否防水或無毒等。

項目要點 03

燈光或窗簾可以用３Ｄ模擬

除非是簡單的施工，或對這方面沒有太多的要求，找一般師傅就可以處理。但若想要事先看到燈光與窗簾進駐家中的效果，現在拜科技所賜，這兩項工程都可以透過 3D 電腦模擬出想要的效果，所以在尋找廠商時可以尋問有沒有這方面的服務。

STEP 13

清潔工程

裝潢後的清潔工程，基本上可分為「粗清」跟「細清」，「粗清」以拆除包材、掃地清潔、垃圾清運為主，「細清」則以清除施工所產生的粉塵為主要項目。大部分的清潔工程都以「細清」全室清潔為主，所以估價單上會有所有的清潔項目，並經過現場勘查、確認要施作的範圍後，才能得到最終的報價。

	裝修後清潔工程	施作範圍	備註
玄關	大門，燈飾，鞋櫃內、外觀清潔	✓	
	地板清潔	✓	
客廳 & 餐廳	櫃子，電視櫃，展示櫃，邊櫃內、外觀清潔	✓	
	沙發，茶几，餐桌椅，大門，燈飾，鏡子內、外觀清潔	✓	
	冷氣機外觀擦拭及濾網清洗	✓	
	落地窗、窗戶、紗窗、窗軌全面清潔	✓	
	地板清潔	✓	
廚房	水槽清潔，牆面清潔，流理檯面，濾網更換	✓	
	抽油煙機，瓦斯爐外觀清潔	✓	
	冰箱，烘碗機，櫥櫃外觀清潔	✓	
	玻璃門，落地窗、窗戶、紗窗、窗軌全面清潔	✓	
	地板清潔	✓	
書房	鏡子，櫃子，書櫃，書桌椅內、外觀清潔	✓	
	冷氣機外觀擦拭及濾網清洗	✓	
	窗戶、紗窗、窗軌全面清潔	✓	
	地板清潔	✓	
臥房	床頭櫃，衣櫃，化妝台內、外觀清潔	✓	
	邊櫃，沙發，燈飾外觀清潔	✓	
	冷氣機外觀擦拭及濾網清洗	✓	
	窗戶、紗窗、窗軌全面清潔	✓	
	地板清潔	✓	
衛浴	牆面清洗，洗手槽，鏡子，蓮蓬頭，馬桶內、外觀清潔	✓	
	毛巾架，浴門，置物櫃，垃圾桶內、外觀清潔	✓	
	抽風機出風口外觀清潔	✓	
	窗戶，紗窗，窗軌全面清潔	✓	
	排水孔，地板清潔	✓	
前後陽台	牆面清洗，水槽清潔，欄杆，曬衣桿，洗衣機外觀擦拭	✓	
	落地窗，窗戶，紗窗，窗軌全面清潔	✓	
	地板清潔		
小計			
合計			

Point

1. 看懂施工計價方式與工時預估

「粗清」與「細清」報價皆以坪數為基準，兩者價差在兩倍左右，「細清」平均落在約 NT.800 ～ 1200 元／坪；「粗清」則是約 NT.300 ～ 600 元／坪，若有大型垃圾需要清運，要再另計費用。

2. 費用陷阱停看聽，將隱藏的費用抓出來

影響清潔工程費用的因素有很多，最主要還是以坪數大小為主。另外，還有木工的施作、櫃子的多寡、工班施作後的清潔度等等，都會影響清潔工程的現場報價。

3. 慎選建材與設備就省一筆，選用關鍵 & 判斷心法

建材與設備的選擇，也會影響日後的清潔。有些建材可能單價比較高，但卻很方便日後的清潔，或是相較便宜的建材，可以使用、保存得比較久，反而可以省下日後的清潔與耗損費用。

4. 評估好工班／好師傅的條件

清潔工班通常都是設計師直接發包下來，但也有些比較注重清潔的業主會自己發包。一個好的清潔工班或師傅，最重要的就是細心的程度，很多裝潢後細微的地方、或是較難清潔的隙縫，他們都能仔細清理完成。

Point 1 看懂施工計價方式與工時預估

項目要點 01 粗清工程

裝潢施工完成後，通常會留下許多建築廢材與包材，這時就需要專業的清潔公司來到現場做「粗清」。「粗清」的費用大概落在一坪 NT.300 ～ 600 元之間，至少需要 2 ～ 3 人、4 ～ 6 小時半天的時間才能完成。若有大型垃圾需要清運，則以 3.5 噸的貨車計價，一車大概 NT.12000 ～ 18000 元，清運地點若有樓梯，則以一個樓層 NT.200 ～ 300 元計費。有些設計師或業主會選擇自行清理，節省清潔工程的預算。

行情價費用

粗清 約 NT.**300 ～ 600** 元／坪（需與施工者詳談）

清運 約 NT.**12000 ～ 18000** 元／車

圖片提供＿總管家家事清潔有限

圖片提供＿總管家家事清潔有限

粗清僅包含拆除包材、掃地等清潔，若有大型垃圾需要清運，則需另計費用。

項目要點 02

細清工程

細部清潔是每個室內裝潢施工的最後一道工程，所以工班的細心程度，與粉塵的清潔度，將會影響整個裝潢施工是否能順利畫下完美的句點？細清工程一般是由外而內、由上而下，費用平均一坪落在 NT.800 ～ 1200 元之間；以 30 坪的新成屋來說，報價大概要 NT.18000 ～ 22000 元，皆以施工現場報價為主。「細清」需要 3 ～ 4 人、8 小時以上，至少一天的時間才能完成，通常櫃體的數量與坪數，較會影響完工的時間。

行情價費用　NT.**800 ～ 1200** 元／坪（需與施工者詳談）

圖片提供 _ 福研室內裝修有限公司

圖片提供 _ 總管家家事清潔有限

圖片提供 _ 總管家家事清潔有限

上／專業的清潔工班，會由上往下將所有粉塵清除乾淨、且細心清理相關櫃體、窗框。

下／魔鬼藏在細節裡，細清會連同天花板、窗框、地板等隙縫都清潔乾淨。

Point 2

費用陷阱停看聽，將隱藏的費用抓出來

裝潢施工後一定要請專業的清潔公司來打掃嗎？

裝潢後清潔與一般的家庭清潔不同。使用的工具來說，是一般市面上看不到、或是平常清潔用不到的專業工具，例如：金剛刷、吸水機、空氣槍、高壓水槍、工業用吸塵器等，都是一般家用清潔不容易使用的器具。另外，還有使用的清潔劑也比一般家用的清潔劑強效，若不是專業的清潔人員使用，恐怕會有破壞裝潢的疑慮。專業的清潔公司會將看不到的粉塵清理乾淨，裝潢後清潔若沒有將粉塵清理乾淨，只要冷氣一打開、或是窗戶打開就容易被風吹落下來，很容易造成需要二次清潔的現象，建議還是請專業的清潔人員，一次打掃完畢較為妥當。

工班施工後不會將他的垃圾帶走嗎？為什麼還要多一筆清運費用呢？

工種不同，大多結束時一併清運。裝潢施工會分為不同種工種，木作有木作的工班、油漆有油漆的工班，若有買許多傢具或是電器設備，也會有不同的設備安裝工班。專業的設計師就是要統整這些不同的工班，並規劃安排好每個工班進場的時間與順序，才不會造成傢具、設備，或是裝潢建材損壞的疑慮。許多裝潢建材或是設備，都會有保護自身產品的包材等外包裝，裝潢進場時通常都不會將包材拆解，會在所有工序完成後，才卸除包材。所以各別的工班不會先將他們的包材帶走，基本上都要等到清潔公司來清潔時，才能一併清走。

所以清潔工程報價時，有可能會有一筆「清運費」，這筆清運費用就如同請搬家公司一樣，至少需要兩個人力、半天的時間，就算不足一台車，也會算一台車的費用；清運的廢材不能超過車頂。尤其礙於目前法規的問題，不同廢材要清運的地點也會有所不同，有些清潔公司會直接報價兩台貨車的費用，將不同的廢材清運到不同的指定地點。若選擇自行清理，環保局也有專門處理大型垃圾的服務，可聯繫運至指定地點，請環保局協助清運。

我家的坪數不高，只有 10 幾坪而已，為什麼清潔工程的報價那麼高？

A：**清潔工程的報價雖然是以坪數為主，但木工的施作、櫃體與窗戶的數量等，都會影響整個清潔工程的報價**。尤其是像 L 型的邊間，因為窗戶多、櫃體多、轉角的隙縫多、需要的清潔人力也多，就會造成清潔工程報價上的差異。另外，工班施工後的清潔度也會影響整體的報價，像是殘膠、油漆、水泥等不容易清理的髒汙，需要花費更多時間與人力來處理，就會增加清潔工程的報價費用。所以清潔工程一般都要先經過現場勘查，確定會增加費用的因素，以及確定清潔工程需要使用的器具與設備後，才能報價精準的價格。

圖片提供＿總管家家事清潔有限公司

圖片提供＿總管家家事清潔有限公司

圖片提供＿總管家家事清潔有限公司

裝潢後將看不見的粉塵清除乾淨，會讓整體空間更完善；櫃體與窗戶的數量最容易影響清潔工程的報價。

Plus 各地環保局垃圾車可處理大型傢具

一般來說，各地環保局都有幫忙縣市民處理大型傢具回收或丟棄的業務服務，內容包括抽油煙機、彈簧床、手推車、瓦斯爐、大型飲水機、電視機、電冰箱、洗衣機、冷氣機、電腦、印表機、電腦螢幕、電腦主機、滑鼠、鍵盤、掃描機等等，需事先電話聯絡區清潔隊，約定時間交運。至於費用，則視各地環保局的規定。各地的環保局查詢方式，請洽環保署資源回收基管會。

電話：0800-085-717（諧音：您幫我，清一清）

網址：http://recycle.epa.gov.tw/

Point 3 慎選建材設備就省一筆，選用關鍵 & 判斷心法

建材的選擇將影響日後清潔的便利，對於裝潢後清潔來說，不同建材不會影響清潔公司的報價，但會影響屋主日後清潔的便利性。專業的室內設計師，會運用工法與工序克服可能產生的隙縫問題，而隙縫通常都是清潔中最常見的難題，若能在一開始的施工就將隙縫問題處理好，並且選擇適當的建材，不僅省去屋主清潔的時間，更能避免清潔不當所造成的建材損壞問題。

01 項目要點 選擇好的填縫劑，不只好清潔更好維護

裝潢施工最常遇到的就是收邊的處理，或是填補隙縫等難解的問題，傳統最常使用的填縫劑以矽利康為主，但矽利康容易發霉影響美觀，是每個家庭最常遇到的清潔問題。填縫最好使用無機的填縫劑，不只比較環保、吸水率也比較低，或是選擇使用「ToTo 奈米填縫劑」，雖然價格比一般填縫劑高，但抗汙、抗菌的效果也比一般填縫劑高出許多。

衛浴的建材與設備，可選用 ToTo 奈米填縫劑或是暖風乾燥機，預防可能會發生的發霉問題。

02 項目要點 慎選防汙或防水建材，不吸汙也不卡汙

檯面的建材可選用賽麗石等高耐汙性材質，平時僅需要用清水或肥皂沖洗即可，無需作定期打磨。而地板則可以使用石塑地板，PVC 的材質可以完全防水，也比超耐磨地板防潮性更佳。另一種較易清潔的地板，也可考慮無縫的盤多魔、磨石子，但這兩種地板需要在最後一道工序施工，且因為有毛細孔較不好維持，若有髒汙侵蝕、像是咖啡滴到地板上等汙染，汙垢將會無法清除，恐怕需要整面地板重新施工。

左／賽麗石的檯面清潔簡單，且持久抗菌、高耐污、高耐熱、高耐刮等特性，是衛浴與廚房常見的建材。

Point 4 評估好工班／好師傅的條件

清潔工班一般分為公司或個人，大型的清潔工班需要提早在一個月前預約，設計師需要將完工時間通知清潔公司，安排粗清、清運跟細清。有些設計師會選擇自己粗清跟清運，僅剩下最重要的細清，交給專業的清潔公司。通常清潔工班會跟著設計師長期合作，不管是透過設計師之間的介紹、口耳相傳或是網路搜尋，清潔工班都以長久的工作經驗，累積一般人不知道的專業知識。

項目要點 01

由外而內、由上而下仔細清潔

專業的清潔工班一定都是由外而內、由上而下的順序做清潔，這樣可以避免二次清潔的風險，節省人力也節省時間。而且必須避免使用強酸、強鹼，以不破壞裝潢建材與設備為主，將殘膠、油漆等施工所遺留下來的汙垢清除乾淨。若是有施工遺留下來的木屑、粉塵，清潔工班也會一併清潔完成。

項目要點 02

處理殘膠泥漬考驗專業

一個好的清潔工班，最重要的就是細心的程度。不同的裝潢設計會有不同的注意事項，專業的清潔人員會將看不到的死角也清理乾淨。尤其是殘膠、泥漬、油漆等處理，通常都考驗著清潔人員的專業度，每個清潔公司對於汙漬的處理各有不同，但通常不保證可以完全清除乾淨。有時設計師還會在細清之後，檢查裝潢需要補強的地方，將自己的室內設計作品盡善盡美。

圖片提供_福研室內裝修有限公司

石塑地板也稱防水地板，施工方式與木地板雷同，但塑膠地磚卻能比木地板來得防潮、持久不腐壞。

INDEX
專家諮詢群

知域設計	02-2552-0208
采金房	02-2536-2256
總管家家事清潔有限公司	02-2597-1777 0935-682-920
大湖森林室內設計	02-2633-2700
福研設計	02-2703-0303
Studio APL 力口建築	02-2705-9983
樂沐空間設計	02-2732-8665
天涵設計	02-2754-0100
聿和空間整合設計	02-2762-0125

水泥工阿鴻（鄭志鴻）
www.facebook.com/nijohn886
chengyhua@gmail.com

好時代衛浴	02-2762-9888
演拓空間設計	02-2766-2589
今硯室內裝修設計	02-2782-5128
鉅程空間設計	02-2886-7068
日作空間設計	03-284-1606
亞維設計	03-3605926
特力屋	0800-008-007
朵卡室內設計	0919-124-736
空調工程／徐梓國	0937-934-408
天瑋室內裝修公司	0939-091-579
弘煒室內裝修公司	0905-607-268
永桑達金屬／曾文昌	0936-071-121

INDEX
專家諮詢群

SOLUTION 159

裝潢工程發包精算書【暢銷改版】：

估工算料一本通，精準掌握成本預算

作　　者｜i室設圈｜漂亮家居編輯部
責任編輯｜朱妍曦
文字編輯｜陳淑萍、劉真妤、蔡婷如、張素靜、李寶怡、李與真
插　　畫｜王彥蘋
封面設計｜張巧佩
美術設計｜黃畇嘉
編輯助理｜劉婕柔

發 行 人｜何飛鵬
總 經 理｜李淑霞
社　　長｜林孟葦
總 編 輯｜張麗寶
內容總監｜楊宜倩
叢書主編｜許嘉芬
出　　版｜城邦文化事業股份有限公司 麥浩斯出版
地　　址｜104台北市中山區民生東路二段141號8樓
電　　話｜02-2500-7578　　傳　　真｜（02）2500-1916
E-mail｜cs@myhomelife.com.tw

發　　行｜英屬蓋曼群島商家庭傳媒股份有限公司城邦分公司
地　　址｜104台北市中山區民生東路二段141號2樓
讀者服務專線｜（02）2500-7397；0800-020-299（週一至週五AM09：30 ～ 12：00；PM01：30 ～ PM05：00）
讀者服務傳真｜（02）2578-9337
E-mail｜service@cite.com.tw
訂購專線｜0800-020-299（週一至週五 上午09：30 ～ 12：00；下午13：30 ～ 17：00）
劃撥帳號｜1983-3516
劃撥戶名｜英屬蓋曼群島商家庭傳媒股份有限公司城邦分公司

香港發行｜城邦（香港）出版集團有限公司
地　　址｜香港灣仔駱克道193號東超商業中心1樓
電　　話｜852-2508-6231　　傳　　真｜852-2578-9337
E-mail｜hkcite@biznetvigator.com

馬新發行｜城邦（新馬）出版集團Cite（M）Sdn. Bhd.
地　　址｜41, Jalan Radin Anum, Bandar Baru Sri Petaling, 57000 Kuala Lumpur, Malaysia.
電　　話｜603-9056-3833　　傳　　真｜603-9057-6622
E-mail｜service@cite.my

製版印刷｜凱林彩印股份有限公司
出版日期｜2024年2月二版一刷
定　　價｜新台幣499元
Printed in Taiwan

國家圖書館出版品預行編目（CIP）資料

裝潢工程發包精算書【暢銷改版】：估工算料一本通，精準掌握成本預算 /i 室設圈｜漂亮家居編輯部著 . -- 二版 . -- 臺北市：城邦文化事業股份有限公司麥浩斯出版：英屬蓋曼群島商家庭傳媒股份有限公司城邦分公司發行，2024.02
　面；　公分
ISBN 978-626-7401-26-2（平裝）

1.CST: 施工管理 2.CST: 建築材料 3.CST: 室內設計

441.527　　113001188